U0159394

吟花席地——铺地

苏州园林园境系列

曹林娣 ◎ 主编

曹林娣
赵江华
刘雪艳
◎ 著

中国电力出版社
CHINA ELECTRIC POWER PRESS

内容提要

《苏州园林园境系列》是多方位地挖掘苏州园林文化内涵，并对园林及具体装饰构件进行文化阐释的专门性著作。本册以铺地图案的基本类型编排，分为自然符号铺地、动物符号铺地、植物符号铺地、文字符号铺地、器物符号铺地、组合符号铺地和铺地技艺七章，全面展现了苏州园林独具魅力的地面艺术。

图书在版编目（CIP）数据

苏州园林园境系列. 吟花席地·铺地 / 曹林娣，赵江华，刘雪艳著；曹林娣主编. —北京：中国电力出版社，2021.10（2023.5重印）

ISBN 978-7-5198-5381-5

Ⅰ. ①苏…　Ⅱ. ①曹…②赵…③刘…　Ⅲ. ①古典园林—园林艺术—苏州　Ⅳ. ① TU986.625.33

中国版本图书馆 CIP 数据核字（2021）第 031514 号

出版发行：中国电力出版社
地　　址：北京市东城区北京站西街 19 号（邮政编码 100005）
网　　址：http://www.cepp.sgcc.com.cn
责任编辑：曹　巍（010-63412609）
责任校对：黄　蓓　朱丽芳
书籍设计：锋尚设计
责任印制：杨晓东

印　　刷：北京瑞禾彩色印刷有限公司
版　　次：2021 年 10 月第一版
印　　次：2023 年 5 月北京第二次印刷
开　　本：787 毫米 × 1092 毫米　16 开本
印　　张：13
字　　数：270 千字
定　　价：68.00 元

吟花席地——铺地

总序

序一

序二

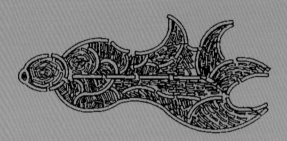

《苏州园林园境》系列，是多方位地挖掘苏州园林文化内涵，并对园林及具体装饰构件进行文化阐释的专业性著作。首先要厘清的基本概念是何谓"园林"。《佛罗伦萨宪章》[①]用词源学的术语来表达"历史园林"的定义是：园林"就是'天堂'，并且也是一种文化、一种风格、一个时代的见证，而且常常还是具有创造力的艺术家独创性的见证"。明确地说：园林是人们心目中的"天堂"；园林也是艺术家创作的艺术作品。

但是，诚如法国史学家兼文艺批评家伊波利特·丹纳（Hippolyte Taine，1828—1893）在《艺术哲学》中所言，文艺作品是"自然界的结构留在民族精神上的印记"。世界各民族心中构想的"天堂"各不相同，相比构成世界造园史中三大动力的古希腊、西亚和中国[②]来说：古希腊和西亚属于游牧和商业文化，是西方文明之源，实际上都溯源于古埃及。位于"热带大陆"的古埃及，国土面积的96%是沙漠，唯有尼罗河像一条细细的绿色缎带，所以，古埃及人有与生俱来的"绿洲情结"。尼罗河泛滥水退之后丈量耕地、兴修水利以及计算仓廪容积等的需要，促进

---

① 国际古迹遗址理事会与国际历史园林委员会于1981年5月21日在佛罗伦萨召开会议，决定起草一份将以该城市命名的历史园林保护宪章即《佛罗伦萨宪章》，并由国际古迹遗址理事会于1982年12月15日登记作为涉及有关具体领域的《威尼斯宪章》的附件。

② 1954年在维也纳召开世界造园联合会（IFLA）会议，英国造园学家杰利科（G. A. Jellicoe）致辞说：世界造园史中三大动力是古希腊、西亚和中国。

了几何学的发展。古希腊继承了古埃及的几何学。哲学家柏拉图曾悬书门外："不通几何学者勿入。"因此，"几何美"成为西亚和西方园林的基本美学特色；基于植物资源的"内不足"，胡夫金字塔和雅典卫城的石构建筑，成为石质文明的代表；"政教合一"的西亚和欧洲，神权高于或制约着皇权，教堂成为最美丽的建筑，而"神体美"成为建筑柱式美的标准……

中国文化主要属于农耕文化，中国陆地面积位居世界第三：黄河流域的粟作农业成为春秋战国时期齐鲁文化即儒家文化的物质基础，质朴、现实；长江流域的稻作农业成为楚文化即道家文化的物质基础，飘逸、浪漫。①

我国的"园林"，不同于当今宽泛的"园林"概念，当然也不同于英、美各国的园林观念（Garden、Park、Landscape Garden）。

科学家钱学森先生说："园林毕竟首先是一门艺术……园林是中国的传统，一种独有的艺术。园林不是建筑的附属物……国外没有中国的园林艺术，仅仅是建筑物上附加一些花、草、喷泉就称为'园林'了。外国的Landscape（景观）、Gardening（园技）、Horticulture（园艺）三个词，都不是'园林'的相对字眼，我们不能把外国的东西与中国的'园林'混在一起……中国的'园林'是他们这三个方面的综合，而且是经过扬弃，达到更高一级的艺术产物。"②

中国艺术史专家高居翰（James Cahill）等在《不朽的林泉·中国古代园林绘画》（*Garden Paintings in Old China*）一书中也说："一座园林就像一方壶中天地，园中的一切似乎都可以与外界无关，园林内外仿佛使用着两套时间，园中一日，世上千年。就此意义而言，园林便是建造在人间的仙境。"③

孟兆祯院士称园林是中国文化"四绝"之一，是特殊的文化载体，它们既具有形的物质构筑要素，诸如山、水、建筑、植物等，作为艺术，又是传统文化的历史结晶，其核心是社会意识形态，是民族的"精神产品"。

苏州园林是在咫尺之内再造乾坤设计思想的典范，"其艺术、自然与哲理的完美结合，创造出了惊人的美和宁静的和谐"，九座园林相继被列入了世界文化遗产名录。

苏州园林创造的生活境域，具有诗的精神涵养、画的美境陶冶，同时渗透着生态意识，组成中国人的诗意人生，构成高雅浪漫的东方情调，体现了罗素称美的"东方智慧"，无疑是世界艺术瑰宝、中华高雅文化的经典。经典，积淀着中华民族最深沉的精神追求，包含着中华民族最根本的精神基因，代表着中华民族独特的精神标识，正是中华文化独特魅力之所在！也正是民族得以延续的精神血脉。

但是，就如陈从周先生所说："苏州园林艺术，能看懂就不容易，是经过几代人的琢磨，又有很深厚的文化，我们现代的建筑

① 蔡丽新主编，曹林娣著：《苏州园林文化》《江苏地方文化名片丛书》，南京：南京大学出版社，2015年，第1—2页。

② 钱学森：《园林艺术是我国创立的独特艺术部门》，选自《城市规划》1984年第1期，系作者1983年10月29日在第一期市长研究班上讲课的内容的一部分，经合肥市副市长、园林专家吴翼根据录音整理成文字稿。

③ 高居翰，黄晓，刘珊珊：《不朽的林泉·中国古代园林绘画》，生活·读书·新知三联书店，2012年，第44页。

师们是学不会，也造不出了。"阮仪三认为，不经过时间的洗磨、文化的熏陶，单凭急功近利、附庸风雅的心态，"造园子想一气呵成是出不了精品的"。①

基于此，为了深度阐扬苏州园林的文化美，几年来，我们沉潜其中，试图将其如实地和深入地印入自己的心里，来"移己之情"，再将这些"流过心灵的诗情"放射出去，希望以"移人之情"。

我们竭力以中国传统文化的宏通视野，对苏州园林中的每一个细小的艺术构件进行精细的文化艺术解读，同时揭示含蕴其中的美学精髓。诚如宗白华先生在《美学散步》中所说的：

> 美对于你的心，你的"美感"是客观的对象和存在。你如果要进一步认识她，你可以分析她的结构、形象、组成的各部分，得出"谐和"的规律、"节奏"的规律、表现的内容、丰富的启示，而不必顾到你自己的心的活动，你越能忘掉自我，忘掉你自己的情绪波动、思维起伏，你就越能够"漱涤万物，牢笼百态"（柳宗元语），你就会像一面镜子，像托尔斯泰那样，照见了一个世界，丰富了自己，也丰富了文化。②

本系列名《苏州园林园境》，这个"境"指的是境界，是园景之"形"与园景之"意"相交融的一种艺术境界，呈现出来的是情景交融、虚实相生、活跃着生命律动的韵味无穷的诗意空间，人们能于有形之景兴无限之情，反过来又生不尽之景，迷离难分。"景境"有别于渊源于西方的"景观"，"景观"一词最早出现在希伯来文的《圣经》旧约全书中，含义等同于汉语的"风景""景致""景色"，等同于英语的"scenery"，是指一定区域呈现的景象，即视觉效果。

苏州园林是典型的文人园，诗文兴情以构园，是清代张潮《幽梦影·论山水》中所说的"地上之文章"，是为情而构的文人主题园。情能生文，亦能生景，园林中沉淀着深刻的思想，不是用山水、建筑、植物拼凑起来的形式美构图！

《苏州园林园境》系列由七本书组成：

《听香深处——魅力》一书，犹系列开篇，全书八章，首先从滋育苏州园林的大吴胜壤、风华千年的历史，全面展示苏州园林这一文化经典锻铸的历程，犹如打开一幅中华文明的历史画卷；接着从园林反映的人格理想、摄生智慧、心灵滋养、艺术品格诸方面着笔，多方面揭示了苏州园林作为中华文化经典、世界艺术瑰宝的价值；又从苏州园林到今天的园林苏州，说明苏州园林文化艺术在当今建设美丽中华中的勃勃生命力；最后一章的余韵流芳，写苏州园

① 阮仪三:《江南古典私家园林》，南京：译林出版社，2012年，第267页。

② 宗白华:《美学散步（彩图本）》，上海：上海人民出版社，2015年，第17页。

林已经走出国门，成为中华文化使者，惊艳欧洲、植根日本，并落户北美，成为异国他乡的永恒贵宾，从而展示了苏州园林的文化魅力所在。

《景境构成——品题》一书，诠释园林显性的文学体裁——匾额、摩崖和楹联，并一一展示实景照，介绍书家书法特点，使人们在诗境的涵养中，感受到"诗意栖居"的魅力！品题内容涉及社会历史、人文及形、色、情、感、时、节、味、声、影等，品题词句大多是从古代诗文名句中撷来的精英，或从风景美中提炼出来的神韵，典雅、含蓄，立意深邃、情调高雅。它们是园林景境的说明书，也是园主心灵的独白；透露了造园设景的文学渊源，将园景作了美的升华，是园林风景的一种诗化，也是中华文化的缩影。徜徉园中，识者能从园里的境界中揣摩玩味，从中获得中国古典诗文的醇香厚味。

《含情多致——门窗》《透风漏月——花窗》[1]《吟花席地——铺地》《木上风华——木雕》《凝固诗画——塑雕》五书，收集了苏州园林门窗（包括花窗）、铺地、脊塑墙饰、石雕、裙板雕梁等艺术构建上美轮美奂的装饰图案，进行文化解读。这些图案，一一附丽于建筑物上，有的原为建筑物件，随着结构功能的退化，逐渐演化为纯装饰性构件，建筑装饰不仅赋予建筑以美的外表，更赋予建筑以美的灵魂。康德在《判断力批判》"第一四节"中说：

在绘画、雕刻和一切造型艺术里，在建筑和庭园艺术里，就它们是美的艺术来说，本质的东西是图案设计，只有它才不是单纯地满足感官，而是通过它的形式来使人愉快，所以只有它才是审美趣味的最基本的根源。[2]

古人云：言不尽意，立象以尽意。符号使用有时要比语言思维更重要。这些图案无一不是中华文化符码，因此，不仅将精美的图案展示给读者，而且对这些文化符码一一进行"解码"，即挖掘隐含其中的文化意义和形成这些文化意义的缘由。这些文化符号，是中华民族古老的记忆符号和特殊的民族语言，具有丰富的内涵和外延，在一定意义上可以说是中华民族的心态化石。书中图案来自苏州最经典园林的精华，我们对苏州经典园林都进行了地毯式的收集并筛选，适当增加苏州小园林中比较有特色的图案，可以代表中国文人园装饰图案的精华。

由以上文化符号，组成人化、情境化了的"物境"，生动直观，且与人们朝夕相伴，不仅"养目"，而且通过文化的"视觉传承"以"养心"，使人在赏心悦目的艺境陶冶中，培养情操，涤胸洗襟，精神境界得以升华。

[1] "花窗"应该是"门窗"的一个类型，但因为苏州园林"花窗"众多，仅仅沧浪亭一园就有108式，为了方便在实际应用中参考，故将"花窗"从"门窗"中分出，另为一书。

[2] 转引自朱光潜：《西方美学史》下卷，北京：人民文学出版社，1964年版，第18页。

意境隽永的苏州园林展现了中华风雅的生活境域和生存智慧，也彰显了中华文化对尊礼崇德、修身养性的不懈追求。

苏州园林一园之内，楼无同式，山不同构、池不重样，布局旷如、奥如，柳暗花明，处处给人以审美惊奇，加上举目所见的美的画面和异彩纷呈的建筑小品和装饰图案，有效地避免了审美疲劳。

朱光潜先生说过："心理印着美的意象，常受美的意象浸润，自然也可以少存些浊念……一切美的事物都有不令人俗的功效。"①

诚如台湾学者贺陈词在黄长美《中国庭院与文人思想》的序中指出的，"中国文化是唯一把庭园作为生活的一部分的文化，唯一把庭园作为培育人文情操、表现美学价值、含蕴宇宙观人生观的文化，也就是中国文化延续四千多年于不坠的基本精神，完全在庭园上表露无遗。"②

苏州园林是融文学、戏剧、哲学、绘画、书法、雕刻、建筑、山水、植物配植等艺术于一炉的艺术宫殿，作为中华文化的综合艺术载体，可以挖掘和解读的东西很多，本书难免挂一漏万，错误和不当之处，还望识者予以指正。

① 朱光潜：《把心磨成一面镜：朱光潜谈美与不完美》，北京：中国轻工业出版社，2017年版，第185页。

② 黄长美：《中国庭院与文人思想》序，台北：明文书局，1985年版，第3页。

曹林娣

辛丑桐月于苏州南林苑寓所

世界遗产委员会评价苏州园林是在咫尺之内再造乾坤设计思想的典范，"其艺术、自然与哲理的完美结合，创造出了惊人的美和宁静的和谐"，而精雕细琢的建筑装饰图案正是创造"惊人的美"的重要组成部分。

中国建筑装饰复杂而精微，在世界上是无与伦比的。早在商周时期我国就有了砖瓦的烧制；春秋时建筑就有"山节藻棁"；秦有花砖和四象瓦当；汉画像砖石、瓦当图文并茂，还出现带龙首兽头的栏杆；魏晋建筑装饰兼容了佛教艺术内容；刚劲富丽的隋唐装饰更具夺人风采；宋代装饰与建筑有机结合；明清建筑装饰风格沉雄深远；清代中叶以后西洋建材应用日多，但装饰思想大多向传统皈依，纹饰趋向繁缛琐碎，但更细腻。

本系列涉及的苏州园林建筑装饰，既包括木装修的内外檐装饰，也包括从属于建筑的带有装饰性的园林细部处理及小型的点缀物等建筑小品，主要包括：精细雅丽的苏式木雕，有浮雕、镂空雕、立体圆雕、锼空雕刻、镂空贴花、浅雕等各种表现形式，饰以古拙、幽雅的山水、花卉、人物、书法等雕刻图案；以绮、妍、精、绝称誉于世的砖雕，有平面雕、浮雕、透空雕和立体形多层次雕等；石雕，分直线凿雕、花式平面线雕、阳雕、阴雕、浮雕、深雕、透雕等类；脊饰，诸如龙吻脊、鱼龙脊、哺龙脊、哺鸡脊、纹头脊、甘蔗脊等，以及垂脊上的祥禽、瑞兽、仙卉，绚丽多姿；被称为"凝固的舞蹈""凝固的诗句"的堆塑、雕塑等，展现三维空间形象艺术；变化多端、异彩纷呈的漏窗；"吟花席地，醉月铺毡"的铺地；各式洞门、景窗，可以产生"触景生奇，含情多致，轻纱环碧，弱柳窥青"艺术效果的门扇窗棂等。这些凝固在建筑上的辉煌，足可使苏州香山帮的智慧结晶彪炳史册。

园林的建筑装饰主要呈现出的是一种图案美，这种图案美是一种工艺美，是科技美的对象化。它首先对欣赏者产生视觉冲击力。梁思成先生说：

> 然而艺术之始，雕塑为先。盖在先民穴居野处之时，必先凿石为器，以谋生存；其后既有居室，乃作绘事，故雕塑之术，实始于石器时代，艺术之最古者也。[①]

1930 年，他在东北大学演讲时曾不无遗憾地说，我国的雕塑艺术，"著名学者如日本之大村西崖、常盘大定、关野贞，法国之伯希和（Paul Pelliot）、沙畹（Édouard Émmdnnuel Chavannes），瑞典之喜龙仁（Prof Osrald Sirén），俱有著述，供我南车。而国人之著述反无一足道者，能无有愧？"[②]

叶圣陶先生在《苏州园林》一文中也说：

> 苏州园林里的门和窗，图案设计和雕镂琢磨工夫都是工艺美术的上品。大致说来，那些门和窗尽量工细而决不庸俗，即使简朴而别具匠心。四扇，八扇，十二扇，综合起来看，谁都要赞叹这是高度的图案美。

苏州园林装饰图案，更是一种艺术符号，是一种特殊的民族语言，具有丰富的内涵和外延，催人遐思、耐人涵咏，诚如清人所言，一幅画，"与其令人爱，不如使人思"。苏州园林的建筑装饰图案题材涉及天地自然、祥禽瑞兽、花卉果木、人物、文字、古器物，以及大量的吉祥组合图案，既反映了民俗精华，又映射出士大夫文化的儒雅之气。"建筑装饰图案是自然崇拜、图腾崇拜、祖先崇拜、神话意识等和社会意识的混合物。建筑装饰的品类、图案、色彩等反映了大众心态和法权观念，也反映了民族的哲学、文学、宗教信仰、艺术审美观念、风土人情等，它既是我们可以感知的物化的知识力量构成的物态文化层，又属于精神创造领域的文化现象。中国古典园林建筑上的装饰图案，密度最高，文化容量最大，因此，园林建筑成为中华民族古老的记忆符号最集中的信息载体，在一定意义上可以说是中华民族的'心态化石'。"[③]苏州园林的建筑装饰图案不啻一部中华文化"博物志"。

① 梁思成：《中国雕塑史》，天津：百花文艺出版社，1998 年，第 1 页。

② 同上，第 1—2 页。

③ 曹林娣：《中国园林文化》，北京：中国建筑工业出版社，2005 年，第 203 页。

美国著名人类学家 L. A. 怀德说"全部人类行为由符号的使用所组成，或依赖于符号的使用"①，才使得文化（文明）有可能永存不朽。符号表现活动是人类智力活动的开端。从人类学、考古学的观点来看，象征思维是现代心灵的最大特征，而现代心灵是在距今五万年到四十万年之间的漫长过程中形成的。象征思维能力是比喻和模拟思考的基础，也是懂得运用符号，进而发展成语言的条件。"一个符号，可以是任意一种偶然生成的事物（一般都是以语言形态出现的事物），即一种可以通过某种不言而喻的或约定俗成的传统或通过某种语言的法则去标示某种与它不同的另外的事物。"②也就是雅各布森所说的通过可以直接感受到的"指符"（能指），可以推知和理解"被指"（所指）。苏州园林装饰图案的"指符"是容易被感知的，但博大精深的"被指"，却留在了古人的内心，需要我们去解读，去揭示。

一

苏州园林建筑的装饰符号，保留着人类最古老的文化记忆。原始人类"把它周围的实在感觉成神秘的实在：在这种实在中的一切不是受规律的支配，而是受神秘的联系和互渗律的支配"。③

早期的原始宗教文化符号，如出现在岩画、陶纹上的象征性符号，往往可以溯源于巫术礼仪，中国本信巫，巫术活动是远古时代重要的文化活动。动物的装饰雕刻，源于狩猎巫术的特殊实践。旧石器时代的雕刻美术中，表现动物的占到全部雕刻的五分之四。发现于内蒙古乌拉特中旗的"猎鹿"岩画，"是人类历史上最早的巫术与美术的联袂演出"④。世界上最古老的岩画是连云港星图岩画，画中有天圆地方观念的形象表示；"蟾蜍驮鬼"星象岩画是我国最早的道教"阴阳鱼"的原型和阴阳学在古代地域规划上的运用。

甘肃成县天井山麓鱼窍峡摩崖上刻有汉灵帝建宁四年（171年）的《五瑞图》，是我国现存最早的石刻吉祥图。

吴越地区陶塑纹饰多为方格宽带纹、弧线纹、绳纹和篮纹、波浪纹等，尤其是弧线纹和波浪纹，更可看出是对天（云）和地（水）崇拜的结果。而良渚文化中的双目锥形足和鱼鳍形足的陶鼎，不但是夹砂陶中的代表性器具，也是吴越地区渔猎习俗带来的对动物（鱼）崇拜的美术表现。⑤

海岱地区的大汶口—山东龙山文化，虽也有自己的彩绘风格和彩陶器，但这一带史前先民似乎更喜欢用陶器的造型来表达自己的审美情趣和崇拜习俗。呈现鸟羽尾状的带把器，罐、瓶、壶、

① ［美］L. A. 怀德：《文化科学》，曹锦清，等译，杭州：浙江人民出版社，1988年，第21页。

② ［美］艾恩斯特·纳盖尔：《符号学和科学》，选自蒋孔阳主编《二十世纪西方美学名著选》（下），上海：复旦大学出版社，1988年，第52页。

③ ［法］列维·布留尔：《原始思维》，北京：商务印书馆，1981年，第238页。

④ 左汉中：《中国民间美术造型》，长沙：湖南美术出版社，1992年，第70页。

⑤ 姜彬：《吴越民间信仰民俗》，上海：上海文艺出版社，1992年，第472—473页。

盖之上鸟喙状的附纽或把手，栩栩如生的鸟形鬶和风靡一个时代的鹰头鼎足，都有助于说明史前海岱之民对鸟的崇拜。①

鸟纹经过一段时期的发展，变成大圆圈纹，形象模拟太阳，可称之为拟日纹。象征中国文化的太极阴阳图案，根据考古发现，它的原形并非鱼形，而是"太阳鸟"鸟纹的大圆圈纹演变而来的符号。

彩陶中的几何纹诸如各种曲线、直线、水纹、漩涡纹、锯齿纹等，都可看作是从动物、植物、自然物以及编织物中异化出来的纹样。如菱形对角斜形图案是鱼头的变化，黑白相间菱形十字纹、对向三角燕尾纹是鱼身的变化（序一图1）等。几何形纹还有颠倒的三角形组合、曲折纹、"个"字形纹、梯形锯齿形纹、圆点纹或点、线等极为单纯的几何形象。

"中国彩陶纹样是从写实动物形象逐渐演变为抽象符号的，是由再现（模拟）到表现（抽象化），由写实到符号，由内容到形式的积淀过程。"②

序一图1　双鱼形（仰韶文化）

符号最初的灵感来源于生活的启示，求生和繁衍是原始人类最基本的生活要求，于是，基于这类功利目的的自然崇拜的原始符号，诸如天地日月星辰、动物植物、生殖崇拜、语音崇拜等，虽然原始宗教观念早已淡漠，但依然栩栩如生地存在于园林装饰符号之中，就成为符号"所指"的内容范畴。

"这种崇拜的对象常系琐屑的无生物，信者以为其物有不可思议的灵力，可由以获得吉利或避去灾祸，因而加以虔敬。"③

《礼记·明堂位》称，山罍为夏后氏之尊，《礼记·正义》谓罍为云雷，画山云之形以为之。三代铜器最多见之"雷纹"始于此。④如卍字纹、祥云纹、冰雪纹、拟日纹，乃至压火的鸱吻、厌胜钱、方胜等，在苏州园林中触目皆是，都反映了人们安居保平安的心理。

古人创造某种符号，往往立足于"自我"来观照万物，用内心的理想视象审美观进行创造，它们只是一种审美的心象造型，并不在乎某种造型是否合乎逻辑或真实与准确，只要能反映出人们的理解和人们的希望即可，如四灵中的龙、凤、麟等。

龟鹤崇拜，就是万物有灵的原始宗教和神话意识、灵物崇拜

① 王震中：《应该怎样研究上古的神话与历史——评〈诸神的起源〉》，《历史研究》，1988年，第2期。

② 陈兆复、邢琏：《原始艺术史》，上海：上海人民出版社，1998年版，第191页。

③ 林惠祥：《文化人类学》，北京：商务印书馆，1991年版，第236页。

④ 梁思成：《中国雕塑史》，天津：百花文艺出版社，1998年版，第1页。

和社会意识的混合物。龟，古代为"四灵"之一，相传龟者，上隆象天，下平象地，它左睛象日，右睛象月，知存亡吉凶之忧。龟的神圣性由于在宋后遭异化，在苏州园林中出现不多，但龟的灵异、长寿等吉祥含义依然有着强烈的诱惑力，园林中还是有大量的等六边形组成的龟背纹铺地、龟锦纹花窗（序一图2）等建筑小品。鹤在中华文化意识领域中，有神话传说之美、吉利象征之美。它形迹不凡，"朝戏于芝田，夕饮乎瑶池"，常与神仙为俦，王子

序一图2　龟锦纹窗饰（留园）

乔曾乘白鹤驻缑氏山头（道家）。丁令威化鹤归来。鹤标格奇俊，唳声清亮，有"鹤千年，龟万年"之说。松鹤长寿图案成为园林建筑装饰的永恒主题之一。

人类对自身的崇拜比较晚，最突出的是对人类的生殖崇拜和语音崇拜。生殖崇拜是园林装饰图案的永恒母题。恩格斯说过："根据唯物主义的观点，历史中的决定因素，归根结底是直接生活的生产和再生产。但是，生产本身又有两种。一方面是生产资料即食物、衣服、住房以及为此所必需的工具的生产；另一方面是人类自身的生产，即种的繁衍。"①

普列哈诺夫也说过："氏族的全部力量，全部生活能力，决定于它的成员的数目"，闻一多也说："在原始人类的观念里，结婚是人生第一大事，而传种是结婚的唯一目的。"②

生殖崇拜最初表现为崇拜妇女，古史传说中女娲最初并非抟土造人，而是用自己的身躯"化生万物"，仰韶文化后期，男性生殖崇拜渐趋占据主导地位。苏州园林装饰图案中，源于爱情与生命繁衍主题的艺术符号丰富绚丽，象征生命礼赞的阴阳组合图案随处可见：象征阳性的图案有穿莲之鱼、采蜜之蜂、鸟、蝴蝶、狮子、猴子等，象征阴性的有蛙、兔子、荷莲（花）、梅花、牡丹、石榴、葫芦、瓜、绣球等，阴阳组合成的鱼穿莲、鸟站莲、蝶恋花、榴开百子、猴吃桃、松鼠吃葡萄（序一图3）、瓜瓞绵绵、狮子滚绣球、喜鹊登梅、龙凤呈祥、风穿牡丹、丹凤朝阳等，都有一种创造生命的暗示。

语音本是人类与生俱来的本能，但原始先民却将语音神圣化，看成天赐之物，是神造之物，产生了语音拜物教。③于是，被视为上帝对人类训词的"九畴"和"五福"等都被看作是神圣的、万能的，可以赐福降魔。早在上古时代，就产生了属于咒语性质的歌谣，园林装饰图案大量运用谐音祈福的符号都烙有原始人类语音崇拜的胎记，寄寓的是人们对福（蝙蝠、佛手）、禄（鹿、鱼）

① ［德］恩格斯《家庭、私有制和国家的起源》第一版序言，见《马克思恩格斯选集》第4卷第2页。

② 《闻一多全集》第1卷《说鱼》。

③ 曹林娣：《静读园林·第四编·谐音祈福吉祥画》，北京：北京大学出版社，2006年，第255-260页。

序一图 3　松鼠吃葡萄（耦园）

寿（兽）、金玉满堂（金桂、玉兰）、善（扇）及连（莲）生贵子等愿望。

植物的灵性不像动物那样显著，因此，植物神灵崇拜远不如动物神灵崇拜那样丰富而深入人心。但是，植物也是原始人类观察采集的主要对象及赖以生存的食物来源。植物也被万物有灵的光环笼罩着，仅《山海经》中就有圣木、建木、扶木、若木、朱木、白木、服常木、灵寿木、甘华树、珠树、文玉树、不死树等二十余种，这些灵木仙卉，"珠玕之树皆丛生，华实皆有滋味，食之皆不老不死"。[1] 灵芝又名三秀，清陈淏子《花镜·灵芝》还认为，灵芝是"禀山川灵异而生"，"一年三花，食之令人长生"。松柏、万年青之类四季常青、寿命极长的树木也被称为"神木"。这类灵木仙卉就成为后世园林装饰植物类图案的主要题材。东山春在楼门楼平地浮雕的吉祥图案是灵芝（仙品，古传说食之可保长生不老，甚至入仙）、牡丹（富贵花，为繁荣昌盛、幸福和平的象征）、石榴（多子，古人以多子为多福）、蝙蝠（福气）、佛手（福气）、菊花（吉祥与长寿）等。

神话也是园林图案发生源之一，神话是文化的镜子，是发现人类深层意识活动的媒介，某一时代的新思潮，常常会给神话加上一件新外套。"经过神话，人类逐步迈向了人写的历史之中，神话是民族远古的梦和文化的根；而这个梦是在古代的现实环境中的真实上建立起来的，并不是那种'懒洋洋地睡在棕榈树下白日见鬼、白昼做梦'（胡适语）的虚幻和飘缈。"[2] 神话作为一种原始意象，"是同一类型的无数经验的心理残迹""每一个原始意象中都有着人类精神和人类命运的一块碎片，都有着在我们祖先的历史中重复了无数次的欢乐和悲哀的残余，并且总的来说，始终遵循着同样的路线。它就像心理中的一道深深开凿过的河床，生命之流（可以）在这条河床中突然涌成一条大江，而不是像先前那样在宽阔而清浅的溪流中向前漫淌"。[3] 作为一种民族集体无意识的产物，它通过文化积淀的形式传承下去，传承的过程中，有些神话被仙化或被互相嫁接，这是一种集体改编甚至再创造。今天我们在园林装饰图案中见到的大众喜闻乐见的故事，有不少属于此类。如麻姑献寿、八仙过海、八仙庆寿、天官赐福、三星高照、牛郎织女、天女散花、和合二仙（序一图 4）、嫦娥奔月、刘海戏金蟾等，这些神话依然跃动着原初的魅力。所以，列维·斯特劳斯说："艺

[1]《列子》第 5《汤问》。

[2] 王孝廉：《中国的神话世界》，北京：作家出版社，1991 年版，第 6 页。

[3]［瑞典］荣格：《心理学与文学》，冯川，苏克译．生活·读书·新知三联书店，1987 年版。

序一图4 和合二仙（忠王府）

术存在于科学知识和神话思想或巫术思想的半途之中。"①

史前艺术既是艺术，又是宗教或巫术，同时又有一定的科学成分。春在楼门楼文字额下平台望柱上圆雕着"福、禄、寿"三吉星图像。项脊上塑有"独占鳌头""招财利市"的立体雕塑。上枋横幅圆雕为"八仙庆寿"。两条垂脊塑"天官赐福"一对，道教以"天、地、水"为"三官"，即世人崇奉的"三官大帝"，而上元天官大帝主赐福。两旁莲花垂柱上端刻有"和合二仙"，一人持荷花，一人捧圆盒，为和好谐美的象征。门楼两侧厢楼山墙上端左右两八角窗上方，分别塑圆形的"和合二仙"和"牛郎织女"，寓意夫妻百年好合，终年相望。神话故事中有不少是从日月星辰崇拜衍化而来，如三星、牛郎织女是星辰的人化，嫦娥是月的人化。

可以推论，自然崇拜和人们各种心理诉求诸如强烈的生命意识、延寿纳福意愿、镇妖避邪观念和伦理道德信仰等符号经纬线，编织起丰富绚丽的艺术符号网络——一个知觉的、寓意象征的和心象审美的造型系列。某种具有象征意义的符号一旦被公认，便成为民族的集体契约，"它便像遗传基因一样，一代一代传播下去。尽管后代人并不完全理解其中的意义，但人们只需要接受就可以了。这种传承可以说是无意识的无形传承，由此一点一滴就汇成了文化的长河。"②

---

① ［法］列维·斯特劳斯：《野蛮人的思想》，伦敦，1976 年，第 22 页。

② 王娟：《民俗学概论》，北京：北京大学出版社，2002 年版，第 214–215 页。

③ （唐）姚思廉：《陈书》卷 25《裴忌传》引高祖语。

一

春秋吴王就凿池为苑，开舟游式范围之渐，但越王勾践一把火烧掉了姑苏台，只剩下旧苑荒台供后人凭吊，苏州的皇家园林随着姑苏台一起化为了历史，苏州渐渐远离了政治中心。然"三吴奥壤，旧称饶沃，虽凶荒之余，犹为殷盛"，③随着汉末自给

序一图 5　敬字亭（台湾林本源园林）

自足的庄园经济的发展，既有文化又有经济地位的士族崛起，晋代永嘉以后，衣冠避难，多萃江左，文艺儒术，彬彬为盛。吴地人民完成了从尚武到尚文的转型，崇文重教成为吴地的普遍风尚，"家家礼乐，人人诗书"，"垂髫之儿皆知翰墨"，[①]苏州取得了江南文化中心的地位。充溢着氤氲书卷气的私家园林，一枝独秀，绽放在吴门烟水间。

中国自古有崇文心理，有意模仿苏州留园而筑的台湾林本源园林，榕荫大池边至今依然屹立着引人注目的"敬字亭"（序一图 5）。

形、声、义三美兼具的汉字，本是由图像衍化而来的表意符号，具有很强的绘画装饰性。东汉大书法家蔡邕说："凡欲结构字体，皆须像其一物，若鸟之形，若虫食禾，若山若树，纵横有托，运用合度，方可谓书。"在原始人心目中，甲骨上的象形文字有着神秘的力量。后来《河图》《洛书》《易经》八卦和《洪范》九畴等出现，对文字的崇拜起了推波助澜的作用。所以古人也极其重视文字的神圣性和装饰性。甲骨文、商周鼎彝款识，"布白巧妙奇绝，令人玩味不尽，愈深入地去领略，愈觉幽深无际，把握不住，绝不是几何学、数学的理智所能规划出来的"[②]。早在东周以后就养成了以文字为艺术品之习尚。战国出现了文字瓦当，秦汉更为突出，秦飞鸿延年瓦当就是长乐宫鸿台瓦当（序一图 6）。西汉文字纹瓦当渐增，目前所见最多，文字以小篆为主，兼及隶书，有少数鸟虫书体。小篆中还包括屈曲多姿的缪篆。有吉祥语，如"千秋万岁""与天无极""延年"；有纪念性的，如"汉并天下"；有专用性的，如"鼎胡延寿宫""都司空瓦"。瓦当文字除表意外，又构成东方独具的汉字装饰美，可与书法、金石、碑拓相比肩。尤其是

序一图 6　秦飞鸿延年瓦当

① （宋）朱长文：《吴郡图经续记·风俗》，南京：江苏古籍出版社，1986 年版，第 11 页。

② 宗白华：《中国书法里的美学思想》，见《天光云影》，北京：北京大学出版社，2006 年版，第 241—242 页。

线条的刚柔、方圆、曲直和疏密、倚正的组合，以及留白的变化等，都体现出一种古朴的艺术美。[1]

园林建筑的瓦当、门楼雕刻、铺地上都离不开汉字装饰。如大量的"寿"字瓦当、滴水、铺地、花窗，还有囍字纹花窗、各体书条石、摩崖、砖额等。

中国是诗的国家，诗文、小说、戏剧灿烂辉煌，苏州园林中的雕刻往往与文学直接融为一体，园林梁柱、门窗裙板上大量雕刻着山水诗、山水图，以及小说戏文故事。

诗句往往是整幅雕刻画面思想的精警之笔，画龙点睛，犹如"诗眼"。苏州网师园大厅前有乾隆时期的砖刻门楼，号"江南第一门楼"，中间刻有"藻耀高翔"四字。出自《文心雕龙》，藻，水草之总称，象征美丽的文采，文采飞扬，标志着国家的祥瑞。东山"春在楼"是"香山帮"建筑雕刻的代表作，门楼前曲尺形照墙上嵌有"鸿禧"砖刻，"鸿"通"洪"，即大，"鸿禧"犹言洪福，出自《宋史·乐志十四》卷一三九："鸿禧累福，骈赍翕臻。"诸事如愿完美，好事接踵而至，福气多多。门楼朝外一面砖雕"天锡纯嘏"，取《诗经·鲁颂·閟宫》："天锡公纯嘏，眉寿保鲁"，为颂祷鲁僖公之词，意谓天赐鲁僖公大福，"纯嘏"犹大福。《诗经·小雅·宾之初筵》有"锡尔纯嘏，子孙其湛"之句，意即天赐你大福，延及子孙。门楼朝外的一面砖额为"聿修厥德"，取《诗经·大雅·文王》："无念尔祖，聿修厥德。永言配命，自求多福。"言不可不修德以永配天命，自求多福。退思园九曲回廊上的"清风明月不须一钱买"的九孔花窗组合成的诗窗，直接将景物诗化，更是脍炙人口。

苏州园林雕饰所用的戏文人物，常常以传统的著名剧本为蓝本，经匠师们的提炼、加工刻画而成。取材于《三国演义》《西游记》《红楼梦》《西厢记》《说岳全传》等最常见。如春在楼前楼包头梁三个平面的黄杨木雕，刻有"桃园结义""三顾茅庐""赤壁之战""定军山""走麦城""三国归晋"等三十四出《三国演义》戏文（序一图7），恰似连环图书。同里耕乐堂裙板上刻有《红楼梦》金陵十二钗等，拙政园秫香馆裙板上刻有《西厢记》戏文等。这些传统戏文雕刻图案，补充或扩充了建筑物的艺术意境，渲染了一种文学艺术氛围，雕饰的戏文人物故事会使人产生戏曲艺术的联想，使园林建筑陶融在文学中。

雕刻装饰图案，不仅能够营造浓厚的文学氛围，加强景境主题，并且能激发游人的想象力，获得景外之景、象外之象。如耦园"山水间"落地罩为大型雕刻，刻有"岁寒三友"图案，松、竹、梅交错成文，寓意坚贞的友谊，在此与高山流水知音的主题意境相融合，分外谐美。

铺地使阶庭脱尘俗之气，拙政园"玉壶冰"前庭院铺地用的是冰雪纹，给人以晶莹高洁之感，打造冷艳幽香的境界，并与馆内冰裂格扇花纹以及题额丝丝入扣；网师园"潭西渔隐"庭院铺

① 郭谦夫，丁涛，诸葛铠：《中国纹样辞典》，天津：天津教育出版社，1998年，第293、294页。

序一图 7　赵子龙单骑救主（春在楼）

序一图 8　海棠铺地（拙政园）

地为渔网纹，与"网师"相恰。海棠春坞的满庭海棠花纹铺地（序一图 8），令人如处海棠花丛之中，即使在凛冽的寒冬，也会唤起海棠花开烂漫的春意。在莲花铺地的庭院中，踩着一朵朵莲花，似乎有步步生莲的圣洁之感；满院的芝花，也足可涤俗洗心。

　　中国是文化大一统之民族，"如言艺术、绘画、音乐，亦莫不有其一共同最高之境界。而此境界，即是一人生境界。艺术人生化，亦即人生艺术化"①。苏州园林集中了士大夫的文化艺术体系，

① 钱穆：《宋代理学三书随劄·附录》，生活·读书·新知三联书店，2002 年版，第 125 页。

文人本着孔子"游于艺"的教诲，由此滥觞，琴、棋、书、画，无不作为一种教育手段而为文人们所必修，在"游于艺"的同时去完成净化心灵的功业，这样，诗、书、画美学精神相融通，非兼能不足以称"文人"，儒、道两家都着力于人的精神提升，一切技艺都可以借以为修习，兼能多艺成为文人传统者在世界上独一无二。"书画琴棋诗酒花"，成为文人园林装饰的风雅题材。如狮子林"四艺"琴棋书画纹花窗（序一图9）及裙板上随处可见的博古清物木雕等。

崇文心理直接导致了对文化名人风雅韵事的追慕，士大夫文人尚人品、尚文品，标榜清雅、清高，于是，张季鹰的"功名未必胜鲈鱼"、谢安的东山丝竹风流、王羲之爱鹅、王子猷爱竹、竹林七贤、陶渊明爱菊、周敦颐爱莲、林和靖梅妻鹤子、苏轼种竹、倪云林好洁洗桐等，自然成为园林装饰图案的重要内容。留园"活泼泼地"的裙板上就有这些内容的木刻图案，十分典雅风流。

中国文化主体儒道禅，儒家以人合天，道家以天合人，禅宗则兼容了儒道。儒家"以人合天"，以"礼"来规范人们回归"天道"，符合天道。儒家文化的三纲六纪，是抽象理想的最高境界，已经成为传统文人的一种心理习惯和思维定势。儒家尚古尊先的社会文化观为士大夫所认同，"景行维贤"，以三纲为宇宙和社会的根本，"三纲五常"、明君贤臣、治国平天下成为士大夫最高的道德理想。于是，尧舜禅让、周文王访贤、姜子牙磻溪垂钓、薛仁贵衣锦回乡，特别是唐代那位"权倾天下而朝不忌，功盖一世而上不疑，侈穷人欲而议者不之贬"[1]的郭子仪，其拜寿戏文

① （宋）宋祁，欧阳修，范镇，吕夏卿，等：《新唐书》卷150唐史臣裴垍评语。

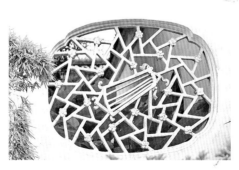

序一图9　琴棋书画（狮子林）

象征着大贤大德、大富贵，亦寿考和后嗣兴旺发达，故成为人臣艳羡不已的对象。清代俞樾在《春在堂随笔》卷七中说："人有喜庆事，以梨园侑觞，往往以'笏圆'终之，盖演郭汾阳生日上寿事也。"

中国古代是以血缘关系为纽带的宗法社会。早在甲骨文中，就有"孝"字，故有人称中国哲学为伦理哲学，中国文化为伦理文化。儒学把某些基本理由、理论建立在日常生活，即与家庭成员的情感心理的根基上，首先强调的是"家庭"中子女对于父母的感情的自觉培育，以此作为"人性"的本根、秩序的来源和社会的基础；把家庭价值置放在人性情感的层次，来作为教育的根本内容。春在楼"凤凰厅"大门檐口六扇长窗的中夹堂板、裙板及十二扇半的裙板上，精心雕刻有"二十四孝"故事（序一图10），表现出浓厚的儒家伦理色彩。

三

符号具有多义性和易变性，任何的装饰符号都在吐故纳新，它犹如一条汨汨流淌着的历史长河，"具有由过去出发，穿过现在并指向未来的变动性，随着社会历史的演变，传统的内涵也在不断地丰富和变化，它的原生文明因素由于吸收

序一图10　二十四孝——负亲逃难（春在楼）

了其他文化的次生文明因素，永无止境地产生着新的组合、渗透和裂变。"①

诚然，由于时间的磨洗以及其他原因，装饰符号的象征意义、功利目的渐渐淡化。加上传承又多工匠世家的父子、师徒"秘传"，虽有图纸留存，但大多还是停留在知其然而不知其所以然的阶段，致使某些显著的装饰纹样，虽然也为"有意味的形式"，但原始记忆模糊甚至丧失，成为无指称意义的文化符码，一种康德所说的"纯粹美"的装饰性外壳了。

尽管如此，苏州园林的装饰图案依然具有现实价值：

没有任何的艺术会含有传达罪恶的意念②，园林装饰图案是历史的物化、物化的历史，是一本生动形象的真善美文化教材。"艺术同哲学、科学、宗教一样，也启示着宇宙人生最深的真实，但却是借助于幻想的象征力以诉之于人类的直观的心灵与情绪意境。而'美'是它的附带的'赠品'。"③装饰图案蕴含着的内美是历史的积淀或历史美感的叠加，具有永恒的魅力，因为这种美，不仅是诉之于人感官的美，更重要的是诉之于人精神的美感，包括历史的、道德的、情感的，这些美的符号又是那么丰富深厚而隽永，细细咀嚼玩味，心灵好似沉浸于美的甘露之中，并获得净化了的美的陶冶。且由于这种美寓于日常的起居歌吟之中，使我们在举目仰首之间、周规折矩之中，都无不受其熏陶。这种潜移默化的感染功能较之带有强制性的教育更有效。

装饰图案是表象思维的产物，大多可以凭借直觉通过感受接受文化，一般人对形象的感受能力大大超过了抽象思维能力，图案正是对文化的一种"视觉传承"④，图案将中华民族道德信仰等抽象变成可视具象，视觉是感觉加光速的作用，光速是目前最快的速度，所以视觉传承能在最短的时间中，立刻使古老文化的意涵、思维、形象、感知得到和谐的统一，其作用是不容忽视的。

苏州园林装饰图案是中华民族千年积累的文化宝库，是士大夫文化和民俗文化相互渗化的完美体现，也是创造新文化的源头活水。

游览苏州园林，请留意一下触目皆是的装饰图案，你可以认识一下吴人是怎样借助谐音和相应的形象，将虚无杳渺的幻想、祝愿、憧憬，化成了具有确切寄寓和名目的图案的，而这些韵致隽永、雅趣天成的饰物，将会给你带来真善美的精神愉悦和无尽诗意。

本系列所涉图案单一纹样极少，往往为多种纹样交叠，如柿蒂纹中心多海棠花纹，灯笼纹边缘又呈橄榄纹等，如意头纹、如意云纹作为幅面主纹的点缀应用尤广。鉴于此，本系列图片标示一般随标题主纹而定，主纹外的组图纹样则出现在行文解释中。

① 叶朗：《审美文化的当代课题》，《美学》1988年第12期。

② 吴振声：《中国建筑装饰艺术》，台北文史出版社，1980年版，第5页。

③ 宗白华：《略谈艺术的"价值结构"》，见《天光云影》，北京：北京大学出版社，2006年版，第76-77页。

④ 王恂：《中华美术民俗》，北京：中国人民大学出版社，1996年版，第31页。

曹林娣修改于辛丑桐月

苏州园林的庭园、天井及路径的地面上，有各式各样的铺地：有用石板、石块、鹅卵石等石材铺设的石地坪、虎皮石、弹街石等；有用破损青砖、方砖等砖材为主铺设的乱砖街及席纹、回纹、人字纹、斗纹、间方纹等；有使用两种以上颜色的卵石并辅以青石碎块、缸片等材料组合铺设的花街铺地等，琳琅满目。这样，园林路径突破了单一的规范游览路线的功能作用，并兼具审美价值，构成园林意境赏心悦目的风景线，形成独具魅力的地面艺术。

美化地面的艺术源远流长，春秋时期的吴王宫苑就有用楩梓木铺设在瓴头上的响屧廊，"西子行则有声"；战国有米字纹铺地；秦有拟阳纹、菱纹铺地；西汉有印石路面；东汉有席纹铺地；北魏有莲花纹地砖，北齐有彩绘莲花纹地面装饰；唐时有各式宝相纹、九格草叶纹、六出尖瓣纹、葡萄瑞兽纹、双凤纹等铺地，西夏出现火焰宝珠纹铺地；宋时已有"文石为径""青径颖竹，以锦路行海棠"的花街铺地，明清时有雕砖卵石嵌花路等，苏州园林的各种铺地纹样正是历史的承传和发展。

铺地图案不仅具有材料美、形式美、内容美和意境美，还颇具生态美（序二图1）。

铺地用材简单，几乎是废物利用，化腐朽为神奇："废瓦片也有行时，当湖石削铺，波纹汹涌；破方砖可留大用，绕梅花磨斗，冰裂纷纭。路径寻常，阶除脱俗。莲

序二图1　仙鹤纹（留园）

生袜底，步出个中来。翠拾林深，春从何处是"①。用材得宜，"花环窄路偏宜石，堂迥空庭须用砖"②，花木中间的窄路，最好铺石；厅堂周围的空庭，应当铺砖。"鹅子石，宜铺于不常走处，大小间砌者佳"③，"乱青版石，斗冰裂纹，宜于山堂、水坡、台端、亭际"④，意随人活，砌法似无拘格，"诸砖砌地：屋内，或磨、扁铺；庭下，宜仄砌"⑤。

铺地纹饰多样，计成在《园冶》中列四式用砖仄砌的图案有：人字纹、席纹、间方纹、斗纹；八式用砖嵌鹅子砌：六方式、攒六方式、八方间六方式、套六方式、长八方式、八方式、海棠式、四方间十字式；还有香草边式，用砖边、瓦砌，香草中或铺砖，或铺鹅子；毬门式，鹅子嵌瓦；波纹式，用废瓦检厚薄砌；等等。名称有方胜、叠胜、步步胜、回纹、冰裂、波纹、蜀锦等。

计成以方、圆、人字纹和曲线波纹及其变体为基本图式，比较反感"嵌鹤、鹿、狮毬"之类的花街铺地，后世却大大发展了。苏州园林现有铺地图案在《园冶》所列数种基础上，更加丰富多彩。

铺地体现了人工技艺之美，遵循的是"各式方圆，随宜铺砌"⑥的原则："惟厅堂广厦中铺，一概磨砖，如路径盘蹊，长砌多般乱石。中庭或宜叠胜，近砌亦可回文。八角嵌方，选鹅子铺成蜀锦；层楼出步，就花梢琢拟秦台。锦线瓦条，台全石版，吟花席地，醉月铺毡。"⑦

铺地花纹细致匀齐，如太极图的一黑一白，两形相抱成为一圆，表示圆满之意，色调雅洁，形式和谐，显示了铺地的图案美。

铺地纹饰的文化蕴涵十分丰富。苏州园林虽为士人园，多书卷气，但中华文士血管里流淌着的乃是儒、道、释三教合一的血液。所以，苏州园林中士人之清雅、帝皇之跋扈、商家之铜臭及释道之妙谛，都溢于铺地图纹的线条之中。雅俗兼存，儒道互补，凡圣渗融，当然以精雅文化为主流。其中大量的是寓意吉祥的图案，几乎囊括铸合了人类共同的心理愿望：纳福、祈喜（序二图2）、富贵、延寿。例如，东山春在楼庭院铺地有凤穿牡丹、元宝、

① 陈植：《园冶注释》，中国建筑工业出版社，1988年，第195页。

② 同上。

③ 同上，第198页。

④ 同上，第199页。

⑤ 同上。

⑥ 同上，第195页。

⑦ 同上。

百吉等。其中有一方铺地地毯，其回纹镶边四角图案为吉祥如意、五福上寿，中间是双钱、暗八仙、聚宝盆、鲤鱼跳龙门、松鹤延年以及神通广大、能镇慑邪恶的太极图、八卦图等，代表了人们的生活愿望和美好的祝愿。太极图的一阴一阳、八卦图的哲学与造型（以最简单的三条直线，或断或续），可解释宇宙的一切现象，足见其想象的丰富。[1]

序二图 2 "鱼戏荷"铺地（拙政园）

　　铺地纹饰营造并强化着景点意境。优美的铺地图案作为环境背景，以其丰富的象征意义，创造出图案之外的意境和韵味。砌纹如波涛汹涌，使人产生行舟江湖的遐想；用破方砖磨斗成冰裂纹地面，老梅似傲寒于"冰裂纷纭"之中，给人以晶莹高洁之感，塑造出冷艳幽香的境界；平凡的路径、阶庭，脱尘俗之气，犹如足下生莲，美人从景中走出；林间拾翠羽，不知春情自何处而来……与风景主题吻合的铺地图案意象，无疑能强化景点主题，深化意境，让人获得回味无穷的审美快感。

　　苏州多雨水，以碎石铺地，适当留缝，注意地表的生态性，可以增强路面的抗滑性能，且有助于排水。街径庭除铺地，"雨久生苔，自然古色"[2]，糅合进自然元素，使建筑与自然有机结合，增加了建筑的自然感和亲切感。

　　现代医学证明，用鹅卵石铺成的"蜀锦"，高低错落有致，具有良好的保健作用，如果穿着软底鞋或干脆赤足缓步在鹅卵石小径上，能按摩足底穴位，活血舒筋、消除疲劳，比大理石碎片铺地要优越得多。

　　本书以铺地图案的基本类型编排，分为自然符号铺地、动物符号铺地、植物符号铺地、文字符号铺地、器物符号铺地、组合符号铺地和铺地技艺七章。

① 吴振声：《中国建筑装饰艺术》，台北文史出版社，1980年版，第 3 页。

② （明）文震亨：《长物志》卷一《街径庭除》，中华书局，2015年，第 25 页。

第一章

自然符号铺地

出于人类繁衍生息的迫切需要，天地自然以及由雷神派生的雨神、云神等精灵，首先跃上人类原始祭坛。《周易》曰："自天佑之，吉无不利。""天"，既统治宇宙万物，也保佑宇宙万物；"天"成了至上神，掌握着整个神灵世界。人类遂将天地山川等宇宙世界符号化，以祈福避邪。

第一节

天地符号铺地

严格地说，园林最基本的象征符号，都是由自然符号演变过来的。圆为日、月的模拟，方为地的模仿，三角形为山的象形，具体到苏州园林铺地，则主要体现为天地自然符号，如日月、云雷、山川等。

一、日月纹

《管子·白心》："化物多者，莫多于日月。"日、月作为自然现象中的两大天体，在中国古人的观念中，是世界两极的代表，是阴阳两极的代表，也是构建历法体系的基础，两者相互配合、相互依存。《礼记·祭义》所谓："日出于东，月出于西，阴阳长短，终始相巡，以致天下之和。"

1. 拟日纹

人类对天的崇拜，在人们意念中往往用永恒不变的圆形太阳来表示，世界各民族几乎都崇奉太阳神。但丁在《康维托》中说："世上没有一种可感知的物体可以和太阳媲美，有资格作上帝的证明，太阳用可见的光首先照亮了自己，而后照亮了天上和地上的物体。"在《礼记》中，太阳神被尊为"百神之王"。太阳又常常以太阳的光和太阳鸟的抽象化形式出现。如良渚文化中出土的璧琮，刻有太

① 郑州市博物馆发掘组：《谈谈
郑州大河村遗址出土的彩陶
上的天文图象》，《河南文博
通讯》，1978年第1期。

② 参见本书第四章第二节"卍
字纹、十字纹铺地"。

阳鸟和其他天象；郑州大河村出土了十二片拟日
纹彩陶片，陶钵房上的太阳均匀排列为十二个。①

变形涡状拟日纹是战国晚期常见的回旋纹样，极富动感：以内圈为中心，向内或向外伸展八至九个涡纹，内圈中向内伸展三至四个涡纹，实为内外燃烧的火球，即青铜器囧形拟日纹的变形，可能近似葵花，旧称葵纹，但并无根据。

太阳崇拜的标识在苏州园林铺地中出现得最频繁的是十字纹、卍字纹②和变形涡状拟日纹，象征光明和忠诚，或寓意"向阳门第春常在"。图1-1～图1-6中拟日纹呈花瓣形。

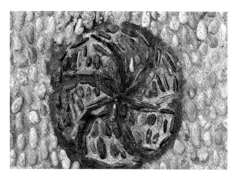

图1-1 拟日纹（退思园）

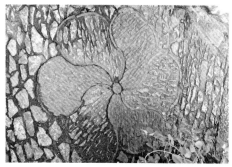

图1-2 拟日纹（退思园）

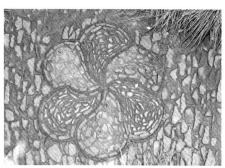

图1-3 拟日纹（留园）

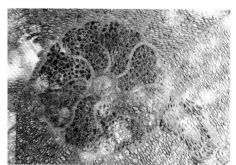

图1-4 拟日纹（天香小筑）

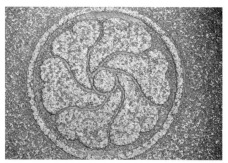

图1-5 拟日纹（网师园）

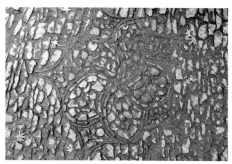

图1-6 拟日纹（留园）

图 1-7 拟日纹圆形内，用十字穿旋涡状圆心表示；图 1-8 两同心圆相套；图
1-9 外框以多边形表示，内套八个略呈平头的旋纹。

图 1-7　拟日纹（退思园）

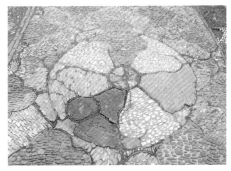

图 1-8　拟日纹（寒山寺）

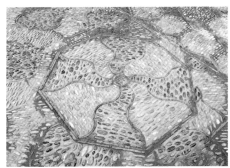

图 1-9　拟日纹（寒山寺）

2. 拟月纹

《太平御览》记载琉球国"俗无文字，视月亏盈以纪时节"，即以观察月亮的盈虚来记录时节。月亮是纯洁、美好的化身，历来受到世人的喜爱。

中国古代也盛行月亮崇拜。月亮的盈亏圆缺，使先民将其与女性怀孕产子后重新平复的肚子联系起来，以为月亮之神主司生殖。图 1-10 为拟

图 1-10　拟月纹（沧浪亭）

月纹铺地。月亮圆的时间短，大部分时间是弯弯的月亮，柔柔的月色。有关月亮的神话最早记载于《山海经》《楚辞》《淮南子》等书中。

二、大地纹

1. 四方

古人认为，大地的空间坐标为太阳所确定，四方形象征太阳的光芒，源于人类原始的太阳崇拜。古埃及和古希腊都有"圣四崇拜"，他们将"四"用于宇宙创世神话，"四"为创造之源，是永恒不倦怠的万物锁钥，派生出了圣洁的十字形、方形、曼荼罗等。

四方形铺地纹样（图1–11、图1–12），其中石砾的天然色彩，十分朴素、淳厚、简约、清雅，是苏州园林中最简洁的装饰，反映的是古人关于天地结构"天圆地方"的观念。

早在新石器时代，就已经产生"天圆地方"的观念。考古人员在两处红山文化遗址中，各发现了一组圆形和方形祭坛。专家认为"反映了当时人们对天、地的原始认识"，是"最早的天坛"和"最早的地坛"[①]，殷商"于中商乎御方"，按照东、南、西、北四个方向来确定"不能言喻"的帝，四方称四风，并与四季相对应。祭地神的处所"社"的祭坛也就成了方形。

"天圆地方"观念，产生于古人对"天动地静"直观感觉现象的理性思考，所谓"天体圆，地体方；圆者动，方者静；天包地，地依天"[②]，并非是对天地形状的直观印象。

四方图案和间方纹、套方纹、斗方纹等，后来专用于铺设御道，其寓意沾染上皇极思维带来的文化涵义，象征着"溥天之下，莫非王土"的皇极观念。

① 刘晋祥：《座谈东山嘴遗址》，《文物》1984年第11期。

② 苏州博物馆内南宋淳祐丁未年（1247年）石刻《天文图》的说明文字。

图1-11　四方（耦园）

图1-12　四方（拙政园）

图 1-13　套方（启园）　　　图 1-14　套方（拙政园）

2. 套方

套方是大小方形相套、线条丰富的铺地纹样，其边缘巧妙地构成人字纹[1]，有"大地四方"与"人上人"的寓意（图 1-13、图 1-14）。

第二节

云雷纹、冰纹铺地

一、云雷纹

云雷纹是以连续的回形线条构成的几何图形。以圆形连续构图的称为云纹，以方形连续构图的称为雷纹。云雷纹多为商周时代青铜器的底纹，渊源于原始先民的雷神崇拜。汉代王充《论衡·雷虚篇》："图画之工，图雷之状，累累如连鼓之形。又图一人若力士之容，谓之雷公。使之左手引连鼓，右手推椎若击之状，其意以为雷声隆隆者，连鼓相叩击之音也。"人们把雷看作是起动万物苏生、主宰万物生长的神。由于雷是从春天经过夏天活动的，到秋冬雷声息止，人们便把雷看作"动万物"之神，雷"出则万物亦出"。雷声震天，古人以为乃上天发怒的标志："喜致震霆，每震则叫呼射天而弃之移去。至来岁秋，马肥，复相率候于震所，埋殳羊，燃火，拔刀，女巫祝说……时有震死……则为之祈福"[2]，雷成为正

---

[1] 御道铺地之一，参见本书第四章第三节"人字纹铺地"。

[2] （北朝）魏收：《魏书·高车传》，中华书局，1974 年版，第 2308 页。

义的代表和象征，其难以驾驭的自然力，足以使人慑服。

金文雷字如联鼓，形如"回"字，且循环反复连缀，亦称回纹、回回锦。云雷纹最初应含有震慑邪恶、保平安的意思，后来因其形式都是盘曲连接，无首无尾无休止，显示出绵延不断的连续性，所以人们以它来表达诸事深远、世代绵长、富贵永远、长寿永康等生活理想（图 1-15）。

图 1-15 云雷纹（天香小筑）

二、冰纹

1. 冰裂纹

自然界的冰开裂，呈现出三角形、碎冰块形（图 1-16）。冰裂纹纹样模仿自然界的冰裂纹样，或为直线条化成三角状并有呈规律分布的延展纹，或为形同碎冰的不规则纹，极其简练、粗犷与自然（图 1-17 ~ 图 1-21）。

图 1-16
自然界冰裂纹

图 1-17 冰裂纹（耦园）

图 1-18 冰裂纹（拙政园）

图 1-19　冰裂纹（网师园）

图 1-20　冰裂纹（环秀山庄）

图 1-21　冰裂纹（怡园）

　　由于冰透明、无杂质，令人感觉清爽、洁净、雅致，成为文人士大夫追求人格完善的象征符号，所谓"怀冰握瑜"，象征人品的高洁无暇。唐代姚崇《冰壶诚序》曰："冰壶者，清洁之至也，君子对之，示不忘乎清也，夫洞澈无瑕，澄空见底，当官明白者，有类是乎！故内怀冰清，外涵玉润，此君子冰壶之德也。"[①] 唐代王昌龄用"一片冰心在玉壶"，证明自己人格的高洁、为人的清白。

①《全唐文》卷二百零六，中华书局，1983 年版，第 2085 页。

图 1-22　冰裂纹（留园）　　　　　　　　图 1-23　自然界雪花

图 1-22 为三角形状的冰裂纹，民间称之为乱劈柴纹，呈不规则状，显得自然而质朴。冰裂，乃冬去春来之兆，象征一切不顺畅之事亦将如冰释般消融。

2. 冰雪纹

冰雪纹犹如冰面上洒满了朵朵雪花，通常用深浅两种卵石铺设，以三角形象征"冰"，六角形象征"雪花"，六角形雪花为色彩较深的实心，产生旋动的效果。黄色的卵石具有自然的色彩，与周围环境相融。其构成充分运用了形式美法则，深浅色彩对比，既打破了单调造型，同时反映出园主人高洁的性情。

自然界雪花本为分形结构，其形状有一千四百种之多。据美国摄影家威尔逊·本特利拍摄的雪花照片发现，雪花形成的云层温度不同，雪花呈现的形状也不同，有六角形、针状、三角柱状等，当雪花形成的云层温度大约处于 –3～0℃时呈六角形，这是苏州雪花的常态。古人称之"六出飞花"（图 1-23）。

冰雪纹铺地（图 1-24～图 1-27）在文人园中作为操守清正贞洁的意象，取意于冰雪的洁白纯净、晶莹剔透。"净心抱冰雪，暮齿迫桑榆"[1]，"冰雪净聪明，雷霆走精锐。"[2]

① （南朝）江总：《再游栖霞寺言志》，《文苑英华》卷二百三十三。

② （唐）杜甫：《送樊二十三侍御赴汉中判官》，《全唐诗》上卷。

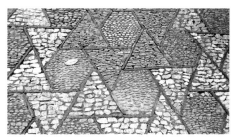

图 1-24　冰雪纹（畅园）　　　　　　　　图 1-25　冰雪纹（虎丘）

图 1-26
冰雪纹（怡园）

图 1-27
冰雪纹（留园）

图 1-28　冰雪纹（拙政园）

　　拙政园精美的园中园枇杷园的主体建筑"玉壶冰"，取意"清如玉壶冰"，馆内隔扇花纹均为冰裂纹，馆前庭院铺地为三角冰纹和六角雪花结合的冰雪纹图案，与建筑主题丝丝入扣（图 1-28）。

3. 冰梅纹

　　梅花与冰纹组合成冰梅纹。明代计成《园冶》中有："废瓦片也有行时，当湖石削铺，波纹汹涌；破方砖可留大用，绕梅花磨斗，冰裂纷纭。"一朵朵梅花傲然开放于寒冰之中，喻冰清玉洁，人格经得起严酷环境的考验，给人以清新幽雅之感（图 1-29、图 1-30）。

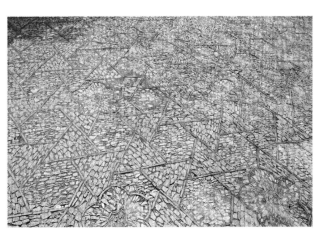

图 1-29　冰梅纹（耦园）　　　　　　　　　　　　图 1-30　冰梅纹（留园）

太极八卦纹铺地

一、太极纹

"太极"是我国古代的哲学术语，意为"派生万物的本源"。表达"太极两仪"或"易有太极，是生两仪，两仪生四象，四象生八卦"[①]，这种宇宙生成观的图案都叫作太极图。

宋代周敦颐的五层太极图和明代来知德作圆图中心图案都不是由"阴阳鱼"构成。被人称为"阴阳鱼"的图，最早出现在明初赵撝谦的文字学著作《六书本义》中，当时叫"天地自然河图"。赵撝谦认为有"太极含阴阳，阴阳含八卦"之妙。民国时著名易学家杭辛斋在他的《易学藏书》中说，"阴阳鱼"本来叫"阴阳仪"，由于一音之转，才被叫成了"阴阳鱼"。实际是由两只凤鸟对称分布表达"阴阳两仪"的涵义。《鹖冠子》云："凤，鹑火之禽，太阳之精也。"凤凰配偶方式是一雌一雄，所以"凤"古亦名"朋"。《尚书·益稷》有："箫韶九成，凤凰来仪。""仪，言其相乘匹"，"来仪"即成双成对地来，说明凤凰这种鸟天生就是成双成对的，具有阴阳两仪之象。

关于太极图的来源，至今存有争议。这很可能与天文历法及中国古人对宇宙的认识有关，有人以为是雷神崇拜和后来的阴阳观的结合物。太极图从整体图形上看，直接来源于雷神的形象，而黑白色彩所表现的阴阳观则揭示了雷神属性的哲学意义。因为雷神本身具有原始的二元性质：它提供火和水；它在黑暗中划出一道亮光；它能减轻旱情，但又能造成洪水灾害。总之，雷神集创造与毁灭、生与死、善与恶的二元性质于一体。[②]

太极图是我国吉祥符号中最原始、最基本的图形，太极图形象化地表达了阴阳轮转、相反相成、生成变化根源的哲理，展现了一种一上一下、一正一反，互相转化、相对统一的形式美结构，极受民间喜爱（图1-31~图1-33）。

太极有时与梅花、万年青组合。梅在古代又称报春花，中国人视梅为吉庆的象征。梅有四德之说："初生为元，开花如亨，结子为利，成熟为贞。"又说梅开五瓣，象征五福，即快乐、幸福、长寿、顺利、和平。数点梅花天地心，梅也象征着周而复始的宇宙韵律（图1-34）[③]，万年青则象征着永恒。

① 高亨：《周易大传今注》，齐鲁书社1979年版，第538页。

② 徐山：《雷神崇拜》，上海三联书店1992年版，第124-125页。

③ 参见本书第三章第一节"灵木仙卉纹（一）铺地"。

图 1-31
太极纹（天香小筑）

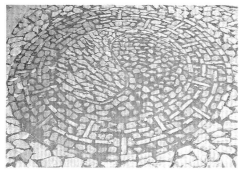

图 1-32 太极纹（道隐园）

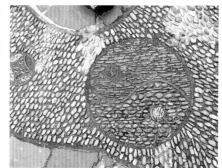

图 1-33 太极纹（严家花园）

二、太极八卦纹

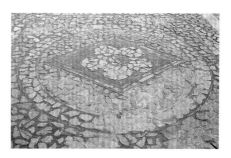

图 1-34 太极纹（道隐园）

儒家在太极图外将八卦分据八方，演变为太极八卦纹，这类太极八卦纹是铺地常见图纹（图 1-35 ~ 图 1-37）。八卦最初是上古人们记事的符号，后被用为卜筮符号。《太平御览》："伏羲坐于方坛之上，听八风之气，乃画八卦。"后世有伏羲八卦和文王八卦之分。宋时邵雍意以伏羲八卦为体，文王八卦为用，体先而用后，于是借先天、后天来明示其意。《易传》认为八卦以"—"为阳，以"－－"为阴组成：乾、坤、震、坎、艮、巽、离、兑，以类万物之情，象征天、地、雷、水、山、风、火、泽八种自然现象，以推测自然和社会的变化。认为阴阳两种势力的相互作用是产生万物的根源，并认为乾和坤两卦在八卦中特别重要。太极八卦图后为道教所利用，赋予它神通广大、震慑邪恶的寓意（图 1-38 ~ 图 1-40）。

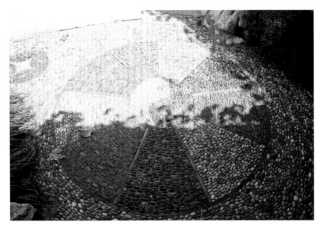

图1-35　太极八卦纹（启园）

图1-36　太极八卦纹（狮子林）

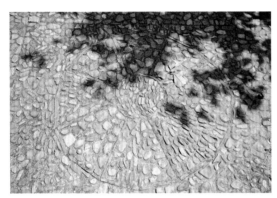

图1-37　太极八卦纹（启园）

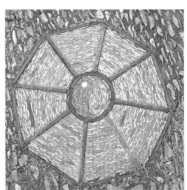

图1-38　太极八卦纹（春在楼）

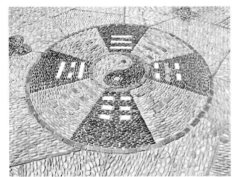

图1-39　太极八卦纹（榜眼府第）

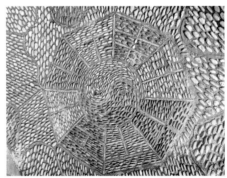

图1-40　太极八卦纹（严家花园）

第二章

动物符号铺地

信奉"万物有灵"原始多神教的中华先民，也将大量的鸟兽虫鱼作为膜拜祭祀的神灵。它们是自然力量的代表。这些鸟兽虫鱼被刻绘在祭祀的器具上，扮演着沟通人与神世界的使者角色。这些具有神性的动物中有假想的动物，如"四灵"中的龟、龙、凤、麟，也有自然界的鹤、鹿等，成为著名的人文动物。有的动物从神话的演化中，获得了神秘的力量，如三足乌象征太阳，蟾蜍、白兔象征月亮神等。

原始先民的动物崇拜中比较突出的是，表现出对多子的动物如鱼、蝴蝶、蜻蜓等的崇拜。这些祥禽瑞兽的动物符号，成为苏州园林铺地的吉祥符号。

第一节

祥禽纹铺地

一、凤凰纹

凤凰被视为中华精神之鸟。在新石器时代，凤凰是由火、太阳和各种鸟复合而成的氏族图腾——部族的徽识，古称"凤凰，火之精，生丹穴"，体现出中华先民崇拜太阳的原始文化心理。

据说，黄帝的臣子天老描绘凤凰的样子是"前半段像鸿雁，后半段像麒麟，蛇的颈子，鱼的尾巴，龙的纹彩，乌龟的背脊，燕子的下巴，鸡的嘴"[①]，是飞禽、走兽、爬虫、游鱼类各种动物的特征的荟萃。晋代郭璞说它"鸡头、燕颔、蛇颈、龟背、鱼尾，五彩色，高六尺许"。迄今发现的最早的凤凰图案，距今已有七千四百余年，那是两只飞翔的神鸟凤凰。

唐代的凤凰集丹凤、朱雀、青鸾、白凤等凤鸟家族与百鸟华彩于一身，终成鸟中之王；辽、金、元"鹰形凤"融入了朱雀，形成以鹰和朱雀为基础、以鸡为原型的凤凰形象；明清沿袭，并进一步

[①] 袁珂：《中国古代神话》，华夏出版社 2006 年版，第 143 页。

附丽；清后期出现"龙凤合流"趋势，凤尾被植到龙尾上，龙足爪嫁接到凤身上。所以，人们今天所见的凤凰形象由各民族文化观念、审美意识的碰撞融合，经过道德升华积淀而成为：锦鸡头、鸳鸯身、鹦鹉嘴、大鹏翅、孔雀尾、仙鹤足；居百鸟之首，五彩斑斓、仪态万方、雍容华贵、伟岸英武，是至真、至善、至美与和平的象征。在凤凰的导引下，人的精魂才得以飞登九天，周游八极。

凤凰为百鸟之王。《大戴礼记·易本命》："出于东方君子之国，翱翔于四海之外。"《淮南子·览冥训》："凤凰之翔，至德也，雷霆不作，风雨不兴，川谷不澹，草木不摇。"凤凰的身体为仁、义、礼、德、信五种美德的象征：首戴德，颈揭义，背负仁，心入信，翼挟义，足履正，尾系武，成为圣德之人的化身。凤凰自歌自舞，见则天下大安宁。故为"仁鸟"，是祥瑞之禽。

凤凰不啄活虫，不折生草，不群居，不乱翔，非竹实不食，非灵泉不饮，非梧桐不栖，是高洁的象征。唐武则天自比于凤，并以匹帝王之龙。自此，凤成为龙的雌性配偶，是封建王朝最高贵女性的代表。由于凤凰集众美于一身，象征美好与和平，是吉祥、幸福、美丽的化身，因此，凤凰美丽的身影也在民间图绘中获得永恒的生命力（图2-1、图2-2）。

单只凤凰呈各种姿态，为丹凤呈祥（图2-3、图2-4）；一说丹凤为丹山之凤，丹山，产丹砂之山，或谓赤山。《宜都记》："寻西北陆行四十里，有丹山，山间时有赤气，笼盖林岭，如丹色，因以名山。"

图 2-1
凤凰纹（留园）

吟花席地——铺地

图 2-2
凤凰纹
（天香小筑）

第二章　动物符号铺地

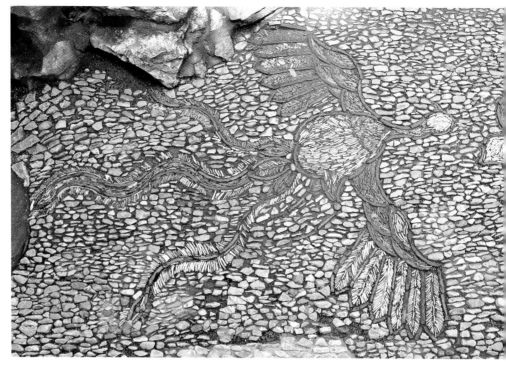

图 2-3　凤凰纹（留园）

图 2-4　凤凰纹（留园）

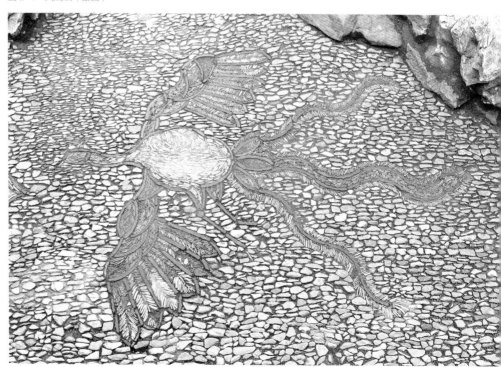

二、仙鹤纹

　　鹤，为世界珍稀鸟类之一。丹顶白羽、声态不凡的丹顶鹤，在中国文化中被视为"仙鹤"。因生活在沼泽或浅水地带，还有"湿地之神"的美称。丹顶鹤性情高雅，洁白素净，纤尘不染，形态超俗，鸣声清亮。"清音迎晓月，愁思立寒蒲。丹顶西施颊，霜毛四皓须"[①]，即鹤的神姿仙态（图2-5）。

① (唐) 杜牧:《鹤》,《全唐诗》卷五百二十二。

图2-5　仙鹤纹（留园）

鹤"朝戏于芝田，夕饮乎瑶池"[1]，故常与神仙为俦，或为仙人的坐骑。传说鹤既可以一千六百年形定色白，也可以一千六百年饮而不食，故《淮南子》有"鹤千年，龟万年"之说。《淮南子》载："鹤寿千岁，以极其游"，鹤成为长生不老的象征。上古的人们就赋予鹤以"使亡灵升天投胎转世"等神秘功能，鹤舞翩跹是古代带有巫术色彩的隆重葬礼仪式中的艺术表演内容之一（图2-6）。

鹤为"仙人之骐骥"[2]，常常往来于仙凡之间。《列仙传》中载有王子乔乘鹤；《述异传》中的仙人是"驾鹤之宾"，能够"跨鹤腾云"；传说修道的人可以化成鹤，如丁令威化鹤归来等。仙鹤在中国文学作品中，往往有着强烈的神仙意象（图2-7）。

鹤标格奇俊，唳声清亮，很早就被人认为是有德行的禽鸟，《周易·系辞上》篇以鹤比作君子。《诗经·小雅》篇有"鹤鸣于九皋，声闻于野"、"鹤鸣于九皋，声闻于天"的比兴，比喻身隐名显的才德之士，"鹤鸣"或"鹤鸣九皋"为君子之喻（图2-8）。

鹤为纯情之鸟，雄鹤主动求偶，声闻数里，并引颈耸翅，叫声不绝；雌鹤则翩翩起舞，给予回应。双方对歌对舞，你来我往，一旦婚配成对，就偕老至终。雌鹤产卵卧窝孵化时，雄鹤左右不离以警戒；雌鹤出巢觅食时，雄鹤则代替雌鹤孵卵，浪漫而恩爱（图2-9、图2-10）。

鹤喜欢栖息在涤尽烦嚣的深谷、小渚，有隐逸的象征，加上宋代隐士林和靖"梅妻鹤子"的故事，鹤就与山林逸士联系在一起。

①②（南朝）鲍照：《舞鹤赋》，《文选》卷十四。

图2-6 仙鹤纹（留园）

吟花席地——铺地

图 2-7　仙鹤纹（网师园）

第二章　动物符号铺地

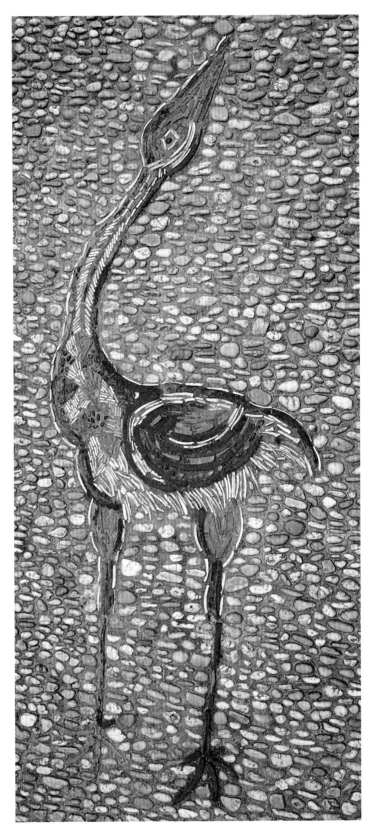

图 2-8　仙鹤纹（拙政园）

图 2-9　仙鹤纹（拙政园）

图 2-10 仙鹤纹（天香小筑）

清光绪三十三年（1907年），苏州庞国钧效法东汉隐士庞德公在苏州筑鹤园，有岩扉、松径、携鹤草堂、鹤池、鹤巢、飞鹤铺地等，以"鹤"的精神为园林灵魂。可惜鹤园的飞鹤铺地图案已毁坏，其原貌只能参见中国建筑文化中心建筑历史研究所《中国江南古建筑装饰图典》中的"鹤园飞鹤铺地"（图2-11、图2-12）。

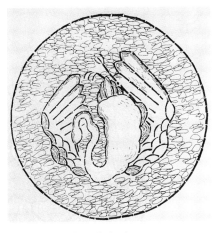

图 2-11 苏州鹤园飞鹤（一）

图 2-12 苏州鹤园飞鹤（二）

三、鸳鸯纹

鸳鸯是一种小型野鸭，但它又属于树鸭类，常常栖息在树上，在树洞里筑巢息居，在陆地上觅食。鸳鸯素以"世界上最美丽的水禽"著称于世：雄鸳鸯的头上有红色和蓝绿色的羽冠，面部有白色眉纹，喉部呈金黄色，颈部和胸部都是紫

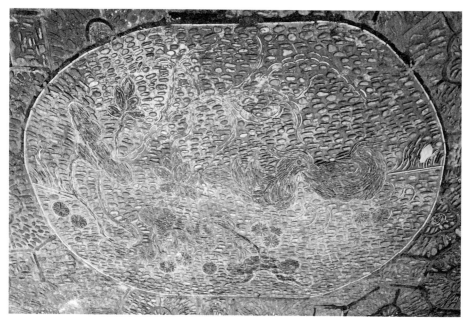

图 2-13 鸳鸯纹（春在楼）

蓝色，两侧黑白交错，嘴鲜红，脚鲜黄，可称得上集美色于一身；雌鸳鸯一身深褐色的羽毛，朴实无华，则有利于传种生育。鸳鸯往往形影不离，雄左雌右，"止则相耦，飞则成双"。古人误以为鸳鸯是终身相匹之禽，称之为匹鸟，用以象征情侣之间忠贞不二的爱情和美满的婚姻，因此也被称为"爱情鸟"。"鸳鸯戏水"图纹被认为是祝福夫妻和谐幸福的吉祥物（图 2-13）。

实际上，鸳鸯平时没有固定的配偶关系，雌鸳鸯繁殖产卵、抚育幼雏，雄鸳鸯并不过问；即使有一方死亡，另一方也不会"守节"，而会另寻新欢。

第二节

瑞兽虫鱼纹铺地

一、鹿纹

鹿为鹿科动物的通称，世界上共有十七属三十八种，我国占十属十八种，如麋鹿、梅花鹿、马鹿、白唇鹿、麝等，是园林中著名的人文动物和传统的祥瑞动物，具有十分丰富的文化涵义。

鹿是善灵之兽，"鹿爱其类"，"食则相呼，行则同旅"[1]，"鹿鸣以仁求其群"[2]，具有互不疑忌、和睦友爱的仁德。

鹿又有群居之特性，人们将其这种习性推及人类，以鹿喻宾朋，以"鹿鸣"为宴会宾客之乐。《诗经·小雅·鹿鸣》："呦呦鹿鸣，食野之苹；我有嘉宾，鼓瑟吹笙。"

唐代州县宴请得中举子，则歌鹿鸣曲，设鹿鸣宴，由州县长官宴请考官、学政及中试诸生。宴时牲用少牢，歌《诗经·小雅·鹿鸣》之章，故名。宋代殿试文武两榜状元设宴，同年团拜，亦称"鹿鸣宴"。

《易林》："鹿食山草，不思邑里。"鹿幽居山林，逐食良草，恬淡清净，安于自然，与古代的隐士精神相契，因此，古人常以"麋鹿之情"比喻隐逸之情。

牝鹿生有枝角，形似龙角，身上有漂亮的花点，有"斑龙"之别名。古人将牝鹿和有天子象征的龙联系在一起，使它超越了普通的动物而具有神秘的色彩（图2-14～图2-16）。

传说白鹿隐现，为帝王德政的检验和上天意志的表征。《艺文类聚》卷九十九引《瑞应图》云："天鹿者，纯善之兽也，道备则白鹿见，王者明惠及下则见。"

鹿是温和的动物，代表慈善、友谊。在佛陀的本生谭中，有佛陀常化现鹿身的说法。佛教还有佛母为鹿女的传说，佛经中常常以鹿为喻。

鹿在民俗文化中被广泛地比喻为长寿的瑞兽。《太平御览》卷六百零六引《瑞应图》："天鹿，能寿之兽。"晋代葛洪《抱朴子·玉策篇》："鹿寿千岁，与仙为伴。"传说千年为苍鹿，又五百年化为白鹿，又五百年化为玄鹿。在道教中，鹿是仙人的坐骑，古代传说中仙人多乘鹿，故鹿又被称为仙兽。《艺文类聚》卷九十五引晋代葛洪《神仙

① （清）陈淏子：《花镜·养兽畜法》。

② （西汉）陆贾：《新语·道基第一》。

图2-14 鹿纹（留园）

图2-15 鹿纹（网师园）

图 2-16　鹿纹（留园）

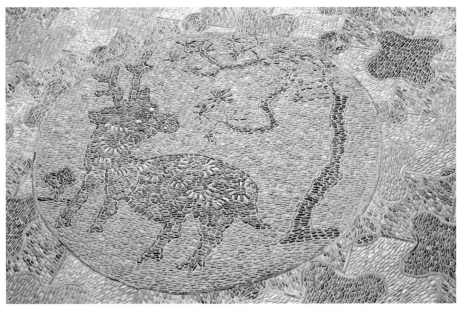

图 2-17　鹿纹（静思园）

传》：鲁女生者，饵术绝谷，入华山。后故人逢女生，乘白鹿，从玉女数十人；《云笈七签》卷一百：西王母，太阴之精，天帝之女也……慕黄帝之德，乘白鹿来献白玉环。又有神人自南来，乘白鹿献𪊨，帝德至地，柜𪊨乃出。

《抱朴子·内篇》："虎及鹿兔，皆寿千岁，寿满五百岁者，其毛色白。"鹿为长寿仙兽，传说鹿与鹤一起卫护灵芝仙草。图 2-17 中的松鹿灵芝纹，喻长寿之意。

鹿繁殖众多，喜成群出没，又有繁盛兴旺之意。

鹿之所以成为中华民族喜闻乐见的形象，还基于中华先民语音崇拜的遗传文化基因。"鹿"谐音"禄"，为民间"五福"（福、禄、寿、喜、财）之一，表示福气或俸禄的意思。"三星高照"中的"禄星"多用鹿表示。图2-18中的鹿、如意，喻富贵、如意。

"十鹿九回头"，喻外出做官或行商的人思念家乡，不管如何四方奔走求名求利，都渴望叶落归根（图2-19～图2-22）。

图 2-18 鹿纹（春在楼）

图 2-19 鹿纹（留园）

图 2-20 鹿纹（留园）

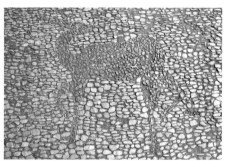

图 2-21 鹿纹（留园）

图 2-22 鹿纹（留园）

二、蝙蝠纹

　　蝙蝠又称仙鼠、飞鼠等，前后肢之间有翼膜如翅，是唯一真正能够在天空自由自在翱翔的哺乳动物。蝙蝠种类在世界上约有九百五十多种，分大蝙蝠和小蝙蝠两类。常见的是住在屋檐下、墙壁缝和天花板内的家蝠，属于小蝙蝠。中国没有西方那种携带狂犬病毒的"吸血鬼蝙蝠"。

　　在古代波斯和中国，均视蝙蝠为吉祥之物。蝙蝠具有多种吉兆：一是"蝠"与"福"谐音。《韩非子·解老》："全寿富贵之谓福。"福，指洪福、福气、福运。二是蝙蝠为长寿之物。晋代崔豹《古今注·鱼虫》："蝙蝠，一名仙鼠，一名飞鼠。五百岁则色白脑重，集则头垂，故谓之倒折，食之神仙。"三是蝙蝠善于韬晦避祸。白居易《洞中蝙蝠》诗曰："千年鼠化白蝙蝠，黑洞深藏避网罗。远害全身诚得计，一身幽暗又如何！"意思是蝙蝠深藏在黑洞，到晚上才出现，一身幽暗，很难被人发现。四是作为夜行者的蝙蝠，不仅善于保护自己，还能帮助钟馗捉鬼。所以蝙蝠具有幸福长寿、避祸压邪等象征意义（图2-23～图2-25）。"三星高照"中的"福星"多用蝙蝠表示。

　　钉在门槛上的蝙蝠纹铜饰，意思是"脚踏福地"（图2-26）。五只蝙蝠围寿称"五福捧寿"①等。

① 参见本书第六章第二节"求财祈福纹铺地"。

图 2-23
蝙蝠纹（网师园）

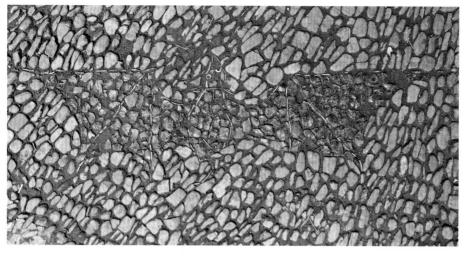

图 2-24　蝙蝠纹（天香小筑）

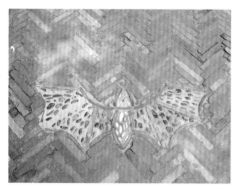

图 2-25　蝙蝠纹（寒山寺）

图 2-26　蝙蝠纹铜饰（春在楼）

三、金蟾纹、青蛙纹

先民的蟾蜍崇拜，有深远的神话背景和文化内涵。著名神话传说"嫦娥奔月"源于殷墟卜辞的月神西母，传说她"托身于月，是为蟾蜍"。据今人研究，嫦娥"奔月"的真正目的，就是能使月亮不断地"死而复生"，这就是嫦娥"奔月"后变为"蟾蜍"的原因，也映射了原始先民"月中有生命"的观念。因此，月亮有时也用月兔、蟾蜍等动物来象征，称作月蟾、蟾宫，蟾蜍与嫦娥实际上成为异体同构的关系。月亮的盈亏圆缺，使先民将其与女性怀孕产子后重新平复的肚子，以及蟾蜍可大可小的肚腹联系起来，以为月亮之神蟾蜍主司生殖，故先民崇拜月亮，也崇拜蟾蜍。

传说蟾蜍寿命很长，可以存活三千年。民间传说五月初五可以捉到活了一万年的蟾蜍（又称"肉灵芝"），食后长寿。因此，蟾蜍也是长寿的象征。

刘海为道教全真道北五祖之一，受吕洞宾点悟得道成仙，号海蟾子。民间有

"刘海戏金蟾"的传说，说他常撒钱给穷人致富，民间崇奉其为福神，其所戏金蟾为三足，是财富的象征（图 2-27 ~ 图 2-29）。

据专家研究，从语音的角度看，"蛙"与"娲""娃"均一音之转，可以通用。所以，青蛙亦为繁衍之神，具有很强的繁殖能力，产子成群。人们称自己的子女为"娃"，系取其谐音之故。蛙纹为新石器时代四大古老族徽之一。

有些民族以青蛙为图腾，视青蛙为雷神的化身或雷神之子、天公少爷，或者

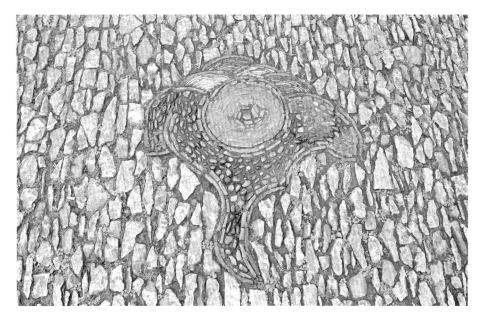

图 2-27　金蟾纹（留园）

图 2-28　金蟾纹（留园）

把青蛙看作雨的使者，蛙鸣是下雨的前兆。如壮族崇拜雷神，在祭祀雷神、祈祷丰收的同时，还祭拜雷的化身或雷的子女青蛙，认为青蛙是万能的灵物，可镇邪降祥、祈福避灾、降福人间，又能捉虫护禾，是安居生活的保护神。

日本也把青蛙视为神灵、吉祥物，认为身藏青蛙，就能保佑人们不失财；即使失去了也能找回来，因为"蛙"（かえる）和"回家"（帰る）在日本语中为谐音（图2-30~图2-33）。

图2-29　金蟾纹（退思园）　　　　图2-30　青蛙纹（留园）

图2-31　青蛙纹（留园）

图 2-32 青蛙纹（拥翠山庄）　　　　　　　　　　图 2-33 青蛙纹（拙政园）

四、蝴蝶纹

蝴蝶，一名蛺蝶。须长而美，翅大身长，四翅轻薄有粉，夹翅而飞，色彩斑斓。最喜嗅花之香，以须代鼻。"穿花蛺蝶深深见"，蝴蝶出没于园林，翩跹于庭畔；暖烟则沉蕙径，微雨则宿花房。两两三三，不招而自至；遽遽栩栩，不扑而自亲。恋花的蝴蝶常用来比喻甜蜜的爱情和美满的婚姻（图 2-34）。民间流传着梁山伯、祝英台化蝶的凄婉故事，蝴蝶象征着美丽、爱情、幸福、吉祥。

图 2-34 蝴蝶纹（怡园）

蝴蝶有很强的生殖繁衍能力，苗族有神话古歌《蝴蝶妈妈》，尊蝴蝶妈妈为世界万物的始祖，蝴蝶成为生殖繁衍的象征，是生殖崇拜的符号，子孙兴旺的象征。"蝶"与"耋"谐音取意，"耄耋"指八九十岁的长寿老人，故"蝶"也象征长寿（图 2-35 ~ 图 2-39）。

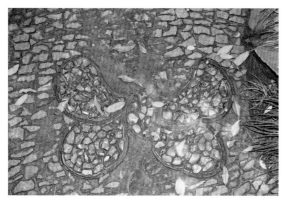
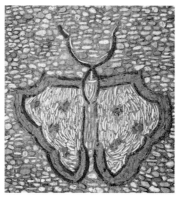

图 2-35 ｜ 图 2-36
图 2-37
图 2-38 ｜ 图 2-39

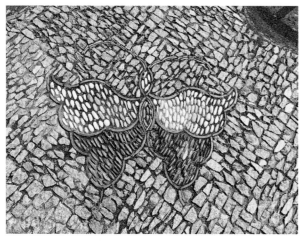
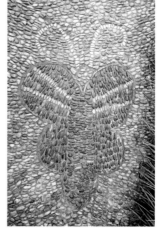

图 2-35
蝴蝶纹（留园）

图 2-36
蝴蝶纹（拙政园）

图 2-37
蝴蝶纹（网师园）

图 2-38
蝴蝶纹（留园）

图 2-39
蝴蝶纹（启园）

五、蜻蜓纹

蜻蜓，头大且转动灵活，腹部细长，两对翅膜质透明，翅多横脉，翅前缘近翅顶处常有翅痣，颜色艳丽，有观赏价值。

蜻蜓也是多子的象征。蜻蜓的卵是在水里孵化的，蜻蜓幼年时期生活在水中。幼虫成熟以后，从水草中爬出水面，蜕皮而成蜻蜓。"点水蜻蜓款款飞"，蜻蜓在河浜或池塘，不时地将尾巴往水中一浸一浸地低飞着，蜻蜓点水，恰恰就是蜻蜓产卵的动作（图2-40、图2-41）。

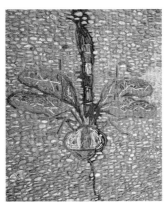

图2-40 蜻蜓纹（拙政园） 　　 图2-41 蜻蜓纹（留园）

六、鱼纹

鱼纹为新石器时代四大图腾符号之一。鱼的形象作装饰纹样，早已见于原始社会的彩陶盆上；商周时的玉佩、青铜器上亦多有鱼形。在中国的创世神话中，大地是被四条鳌鱼支撑着的，鱼很早就被先民视为具有神秘再生力与变化力的神圣动物。闻一多《说鱼》以为，《诗经》中提到的"鱼"都与"性"和"配偶"有关系，因而多子的鱼常被用于祝吉求子、以求生育繁衍的象征。

明代李时珍《本草纲目》集解引陶弘景："鲤为诸鱼之长，形状可爱，能神变，常飞越江湖，所以，仙人琴高乘之也。"《辛氏三秦记》："龙门山在河东界。禹凿山断门阔一里余，黄河自中流下，两岸不通车马。每岁季春，有黄鲤鱼自海及渚川争来赴之，一岁中，登龙门者不过七十二。初登龙门，即有云雨随之，天火自后烧其尾，乃化为龙矣。"世间以"鲤鱼跳龙门"比喻科举中考者，赞美其光宗耀祖的荣耀，亦有希望得到高名硕望之意。龙头鱼身的鸱吻造型，古时通常成为木构架建筑物的保护神。《山海经》中记载了一种头如龙、鱼身子，并长有一角的飞鱼。至明时，飞鱼纹类有蟒形，既有鱼鳍、龟尾，亦有两角。饰有飞鱼的服饰是仅次于蟒衣的一种隆重服饰。

鱼象征着逍遥自在的生命情韵，源自《庄子·秋水》中庄子于濠梁观鱼，儵鱼出游之从容自得之乐。鱼彷佛是文人雅士们熏陶情操的催化剂，园林中的"鱼乐国""安知我不知鱼之乐""濠上观"，成为"恬淡寡欲、闲雅超脱"的象征。

苏州园林鱼纹铺地中以鲤鱼纹和金鱼纹为多。宋代开始人工驯养金鱼，金鱼亦称"金鲫鱼"，鲤科，由鲫鱼演化而成的观赏鱼类，种类甚多。

鱼应用于民俗中，利用谐音求福求利："鱼"与"余"谐音，鱼纹常用以比喻富裕、吉庆和幸运（图2-42～图2-44）。"鱼"与"玉"谐音，借指"玉"，"金鱼"又与"金玉"谐音，"金玉满堂"（图2-45），言财富极多，亦用以称誉才学过人。"鲢鱼"寓意"连（'连''鲢'谐音）年有余（'余''鱼'谐音）"；鲤鱼的"鲤"和"利"谐音，"鲤鱼"与"利余"谐音。双鲤鱼，即"双利"（图2-46）；三鲤鱼之"三"，属泛称，指"多"，也即"多利"，三鲤聚头，即"多利聚头"（图2-47、图2-48）。

三鲤聚头，源于"一脚踩三鲤"的典故。唐末宋初侗族祖先"飞山蛮"有三鲤聚头的图纹，是侗族祖先为表达不忘鱼的养育之恩和对鱼神的尊敬，以及象征本民族团结所定的图腾。侗家后裔把这个图腾或画或雕在庙堂、鼓楼和住房等建筑物上，绣在枕头、被单或褙底上，特别是刻在每座桥头铺路的青石板上，行人踏桥进村时，就一脚踩三鲤。[1]

① 肖尊田：《侗乡鱼俗趣闻》，《南风》1987年第1期。

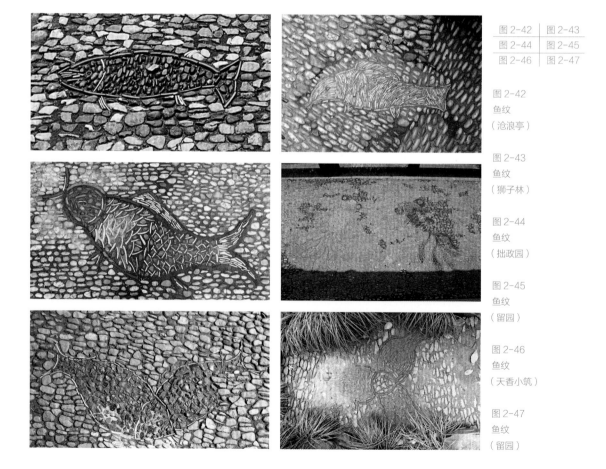

图 2-42	图 2-43
图 2-44	图 2-45
图 2-46	图 2-47

图 2-42
鱼纹
（沧浪亭）

图 2-43
鱼纹
（狮子林）

图 2-44
鱼纹
（拙政园）

图 2-45
鱼纹
（留园）

图 2-46
鱼纹
（天香小筑）

图 2-47
鱼纹
（留园）

图 2-48　鱼纹（网师园）

七、龟背纹

龟背纹铺地又称六角纹铺地，简洁而不简单，规整又庄重，具有很强的装饰性。一说似龟背，喻健康长寿（图 2-49）；一说象征六合，喻天地四方。从六角纹铺地中又衍生出"十"字套六角、六角景等。

龟为"四灵"之一，彩陶文化中就出现了龟形装饰图案。古人对龟的尊崇和信仰，显然与龟的生理特性有关。龟者，神异之介虫也，"玄文五色，神灵之精也。上隆法天，下平法地，能见存亡，明于吉凶"[1]。它左睛象日，右睛象月，头象男性的命根，一身兼具天、地、人之相，自是神奇莫测。龟耐饥饿，耐缺氧，抗感染，不生病，可以长期不饮不食，生命力

图 2-49　龟背纹（拙政园）

①《初学记》卷三十引《洛书》。

极强。传说它"生三百岁，游于蕖叶之上，三千岁尚在蓍丛之下"，故成为长寿之象征。

　　方胜本为菱形相压，园林铺地有将菱形连续铺设，且菱角相对接的，本书称之为连胜的变体。龟背纹和连胜纹组合，是龟背纹和方胜寓意的叠加，即"万寿无疆"之意（图2-50、图2-51）。

图2-50　龟背纹（留园）

图 2-51　龟背纹（退思园）

八、虾纹

虾是甲壳纲十足目水中生物，头部有触角、大颚、小颚等附肢五对，胸部有颚足、步足等附肢八对，腹部有游泳足、尾肢尾节等附肢六对，能弯曲自如，体表有透明软壳，生活在水中，善跳跃与捕食小虫。常用来喻指时来运转，事事如意（图2-52）。

宋代傅肱《蟹谱·兵证》："吴俗有虾荒蟹乱之语，盖取其披坚执锐，岁或暴至，则乡人用以为兵证也。""披坚执锐"是祈求凶邪不入，与"姜太公在此，百无禁忌"意思相同。

虾者，暇也，常与鱼在一起[①]，喻"有馀有暇，游刃有余"，是传统绘画中典型的祝福之法。

① 参见本书第六章第二节"求财祈福纹铺地"。

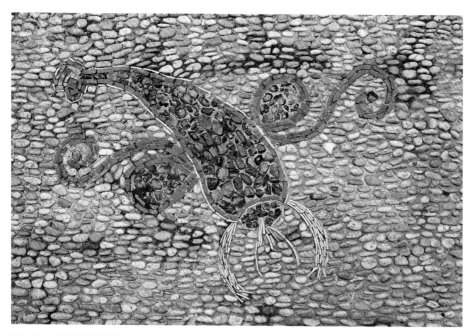

图2-52 虾纹（天香小筑）

第三章

植物符号铺地

在人类早期，植物的生长周期往往也成为其纪年月的根据，因此古人对植物的观察十分仔细。《竹书纪年》记载："有草荚阶而生，月朔始生一荚，月半而生十五荚，十六日以后，日落一荚，及晦而尽。月小则一荚焦而不落，名曰蓂荚，一曰历荚。"通过对草荚荣枯的观察，认识了一月内朔望的变化。

在远古万物有灵观念的支配下，植物也被神化。神话中的昆仑山和蓬莱仙岛上就长满了灵木仙卉，仅《山海经》中就有圣木、建木、扶木、若木、朱木、白木、服常木、灵寿木、甘华树、珠树、文玉树、不死树等 20 余种，这些灵木仙卉，"珠玕之树皆丛生，华实皆有滋味，食之皆不老不死"[1]。人们在祈福避邪或寄寓高洁情怀之时，灵木仙卉成了重要的情感载体。苏州园林中的灵木仙卉纹，也都作为福、禄、寿、喜、财的象征，或文人君子情怀的寄托。

①《列子》卷五。

第一节

灵木仙卉纹（一）铺地

一、梅花纹

梅花，"一树独先天下春"，凌寒留香，又称报春花。"玉冰魂魄古梅花"，十分清雅俊逸；花形美丽而不妖艳，花味清韵且芳香，与牡丹并称为我国国花。梅花神清骨爽、娴静优雅，与遗世独立的隐士姿态颇为相契，成为文人寄志的情感载体，植梅被看作陶情励操之举或归田守志之行。梅与松、竹合称"岁寒三友"，梅与兰、竹、菊合称"四君子"。

梅又有"四德"之誉："初生为元，开花如亨，结子为利，成熟为贞。"梅花花姿秀雅，花开五瓣，人称"梅开五福"（图 3-1 ~ 图 3-3），象征快乐、幸福、长寿、顺利、和平，又合中国阴阳五行金、木、水、火、土，在晋代已经成为幸福吉祥的象征。古有"青梅竹马"之称，梅花美比喻妻子，竹有节比喻丈夫；又用"竹梅双喜"恭贺新婚。

以梅花插于瓶中，为"四季瓶花"的一种，"瓶"谐音"平"，即平平安安之意，瓶中插梅，喻指平安幸福（图 3-4）。图 3-5、图 3-6 分别为红梅盆景和白梅盆景。

宝葫芦瓶形门内的地面上，铺了一朵盛开的五福梅花（图 3-7、图 3-8）。葫芦有平安、多子、母爱、仙境等诸多含义，与梅花纹组合喻幸福、平安、吉祥；图 3-9 折枝梅花纹铺地，既有含苞待放的梅花花蕾，也有盛开的梅花，取意幸福连绵。

图 3-1
梅花纹（狮子林）

图 3-2
梅花纹（留园）

吟花席地——铺地

图 3-3 梅花纹（耦园）

第三章　植物符号铺地

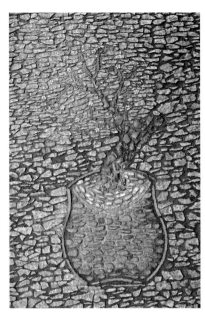
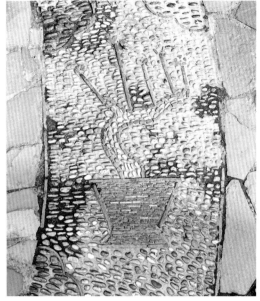

图 3-4
梅花纹（留园）

图 3-5
梅花纹
（严家花园）

图 3-6
梅花纹（留园）

图 3-7
梅花纹
（沧浪亭）

图 3-8
梅花纹
（沧浪亭）

图 3-9
梅花纹
（严家花园）

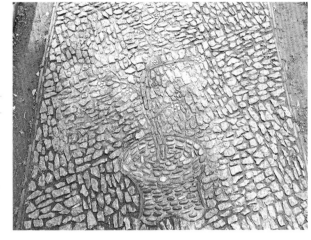

二、山茶花纹

山茶花又名茶花、耐冬、曼陀罗、海榴，是一种常绿灌木或小乔木。其树姿优美，枝叶繁密，终年常青，花朵硕大，色彩明丽，是著名的观赏植物。清代陈淏子《花镜》中这样描述茶花："山茶，一名曼陀罗……叶似木樨，阔厚而尖长，面深绿光滑，背浅绿，经冬不凋。以叶类茶，故得茶名。"山茶花花苞孕育在寒冬，"凌寒强比松筠秀"，"长共松杉守岁寒"，它生机勃勃，葱郁长青，于春天绽放，常用来表示春意烂漫。当"桃李飘零扫地空"的时候，唯有山茶偏耐久，"春归正值花盛时"（图3-10）。

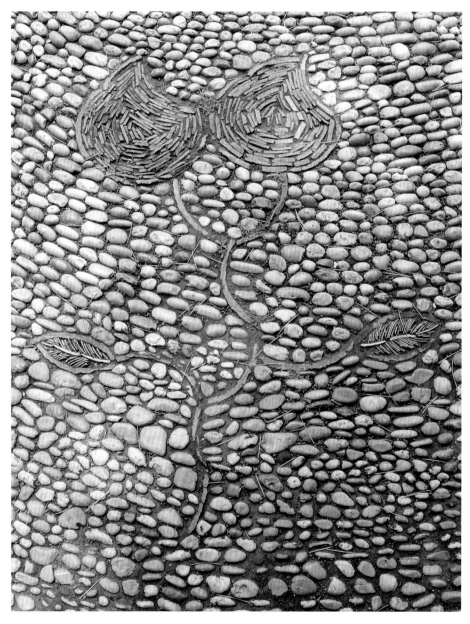

图 3-10
山茶花纹
（留园）

三、海棠花纹

海棠有西府海棠、垂丝海棠、贴梗海棠等品种，原产我国。唐代段成式《酉阳杂俎》引用唐代李德裕《平泉山居草木记》："花名中之带海者，悉从海外来。"宋代程琳有"海外移根灼灼奇，风情闲丽比应稀"的诗句，也以为海棠来自国外。

海棠图案以四瓣花片形的变体海棠花纹为常格（图3-11、图3-12），以别于梅花的五瓣花片。

图 3-11
海棠花纹
（天香小筑）

海棠的"棠"和"堂"谐音，喻阖家美满幸福。海棠常与玉兰、牡丹、桂花相配植，形成"玉堂富贵"的吉祥意境。

海棠花瓣有时用如意头组成海棠如意（图3-13）；又常与软脚卐字纹、古钱等组合成软脚卐字海棠花纹（图3-14~图3-16）、十字海棠花纹等，将卐字纹、十字纹的吉祥含义叠加起来，丰富了内在的意义。海棠花纹铺地常在苏州园林厅堂广场大面积铺设，寄寓着园主人家庭幸福的愿望。

海棠花姿潇洒，"望之婵约如处女"[①]，花开似锦，有花贵妃、花尊贵之美称。海棠花窈窕春风前，"雪绽霞铺锦水头，占春颜色最风流"，成为春天的象征。拙政园"海棠春坞"内只植垂丝海棠两株，但庭院内铺满了软脚卐字海棠花纹图案，人入其中，犹如置身在海棠花丛之中，顿感春意阑珊（图3-17）。

① （明）王象晋：《群芳谱》。

图3-18是软脚卐字穿日海棠花纹铺地，为增

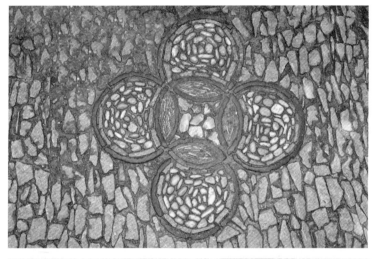

图3-12
海棠花纹（留园）

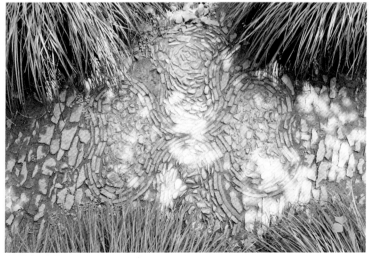

图3-13
海棠花纹（留园）

图 8-14 海棠花纹（网师园）

图 8-16 海棠花纹（怡园）

第三章　植物符号铺地

图 3-16　海棠花纹（留园）

图 3-17 海棠花纹（拙政园）

光明、忠诚之意；图 3-19、图 3-20 海棠花与古钱组合，既象征阖
家富贵，又有厌胜钱避邪保平安之意[1]。

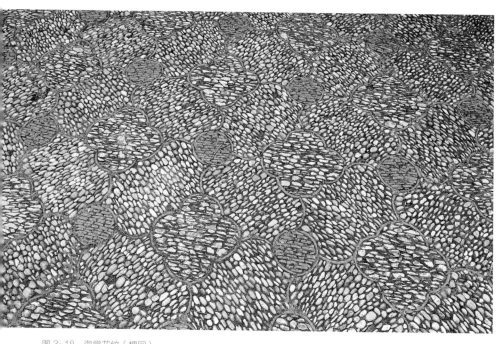

图 3-18 海棠花纹（耦园）

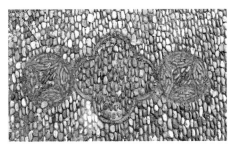

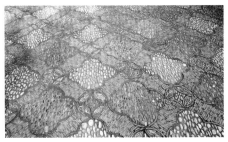

图 3-19　海棠花纹（天香小筑）　　　　图 3-20　海棠花纹（沧浪亭）

四、灵芝花纹

中国古代以为灵芝为不死之药。汉代班固《西都赋》："于是灵草冬荣，神木丛生。"唐代李善注："神木灵草，谓不死药也。"灵芝又名三秀，古人认为，灵芝是"禀山川灵异而生""一年三花，食之令人长生"。

道教把灵芝列为"上药"，认为其有"补中、益气、增智慧、好颜色"等妙用，是"久食长生、扶正固本"的仙丹妙药。相传兰陵有位萧逸人，挖到一件类似人手、肉肥、颜色微红的物品，煮熟后味道鲜美。他吃了感到耳聪目明，体力日壮，容貌也越来越年轻。一道士见到他，惊叹道："先生曾食过仙药吗？先生现在可以与龟鹤齐寿了！"这时候，他才知道吃的是灵芝。在《白蛇传》中，"白素贞盗仙草救许仙"，这仙草指的就是灵芝。

灵芝还被赋予道德色彩，"王者有德行者，则芝草生"。宫廷有灵芝，则暗喻：国泰民安、风调雨顺；皇帝万岁，永持朝政。灵芝为神圣、尊严、高尚的象征，是中国历史上最有影响的吉祥物。道教盛行时，又以灵芝、祥云象征如意。灵芝与兰草并用，喻君子之交。

灵芝形态颇具曲线美，似有一种自然优美的旋律，常用作装饰图案。灵芝花瓣呈细长形（图 3-21），铺地中常与海棠花纹并用，取阖家满堂吉祥之意（图 3-22～图 3-24）。

图 3-25 灵芝花嵌在龟背纹中，周以四如意头纹，喻长寿如意；图 3-26 芝花与古钱组合，有富贵、长寿、避邪诸寓意。

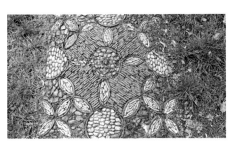

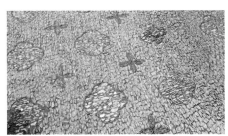

图 3-21　灵芝花纹（天香小筑）　　　　图 3-22　灵芝花纹（耦园）

图 3-23
灵芝花纹（留园）

图 3-24
灵芝花纹（怡园）

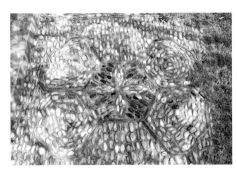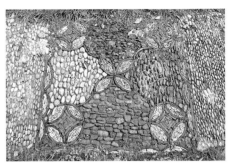

图 3-25　灵芝花纹（启园）　　　　　　　　图 3-26　灵芝花纹（天香小筑）

五、栀子花纹

栀子，有的地区称"水横枝"，属常绿灌木或小乔木，叶子对生，长椭圆形，有光泽；花六瓣，花瓣大，呈白色，有强烈的香气，"色疑琼树倚，香似玉京来"，栀子花纹铺地多以六瓣花为常态（图 3-27）。

园林铺地常以芬芳溢清的栀子花比喻主人的真诚与高洁的品德。

图 3-27　栀子花纹（天香小筑）

六、竹纹

中国历史上第一位写《竹谱》的南朝戴凯之在《竹记》中说："植物之中，有名曰竹，不刚不柔，非草非木，小异空实，大同节目。"竹弯而不折，折而不断，象征柔中有刚；竹秀逸有神韵，纤细而柔美，四季常青，凌霜不凋，象征青春永驻；竹子潇洒挺拔，清丽俊逸，犹如翩翩君子；竹梢拔高，喻高风亮节；竹心空虚，象征谦虚；竹未出土时便有节，象征气节。自魏晋以来，竹就成为风流名士理想的人格化身。梁武帝曾于文德殿令士大夫们写《竹赋》，故南朝沈约有《咏檐前竹》、南朝谢朓有《秋竹曲》《咏竹》等，爱竹、养竹、咏竹蔚然成风。晋代江逌《竹赋》云："有嘉生之美竹，挺纯姿于自然。含虚中以象道，体圆质以仪天。"唐代张九龄《和黄门卢侍郎咏竹》："高节人相重，虚心世所知"[1]。宋代苏东坡有联云："可使食无肉，不可居无竹；无肉令人瘦，无竹令人俗。"[2] "我自不开花，免撩蜂与蝶"[3]。晋代王徽之有"不可一日无此君"，故竹别号"此君"。竹与松、梅作为中国文化中的"岁寒三友"，为园林组景和图案的不倦主题之一（图3-28）。

---

[1]（唐）张九龄：《和黄门卢侍郎咏竹》，《全唐诗》卷四十八。

[2]（宋）苏轼：《於潜僧绿筠轩》，《苏轼诗全集》卷四。

[3]（清）郑板桥：《竹》。

图3-28　竹纹（严家花园）

灵木仙卉纹（二）铺地

一、牡丹花纹

牡丹有花王、富贵花、万花一品等称号。其历史悠久，品种繁多，明代薛凤翔《牡丹史》将其分为神品、名品、灵品、逸品、能品、具品六类。

唐代开元年间，诗人李正封有咏牡丹名句："国色朝酣酒，天香夜染衣。"牡丹至此便有了"国色天香"之称。《本草纲目》称：群芳中以牡丹为第一，故世谓"花王"。唐诗中有"翠雾红云护短墙，豪华端称作花王""竞夸天下无双艳，独立人间第一香"等诗句。长期以来，牡丹成为富贵吉祥、繁荣昌盛的象征，一直被尊为国花。图 3-29 牡丹花纹铺地中，一朵盛开的牡丹花，两旁枝上缀着五朵含苞待放的花蕾，有富贵不断之意。

网师园的牡丹园露华馆，取意于唐代李白《清平调》词三首第一首"云想衣裳花想容，春风拂槛露华浓"诗句意。"词三首"为李白在长安供奉翰林时所作，是唐玄宗和杨贵妃在宫中观赏牡丹花，李白奉诏所写的新乐章。词写杨贵妃的霓裳羽衣和花容月貌，用"露华浓"来点染花容，美丽的牡丹花在晶莹的露水中显得更加冶艳，花容与人面交互辉映。露华馆南庭园的牡丹，开花时一片烂漫；北庭园牡丹花纹铺地上三朵硕大的牡丹花，两朵含苞待放的牡丹花蕾（图 3-30），与露华馆的牡丹园主题十分融洽。

图 3-29　牡丹花纹（留园）

图 3-30　牡丹花纹（网师园）

二、荷花纹

　　荷花，别名莲花、水芙蓉、芙蓉、水华、水芸、水旦，莲藕可食用或药用，莲子可清心解暑，藕则能补中益气。在中国有深邃的文化渊源：莲花被崇为花中君子，"花生池泽中最秀。凡物先华而后实，独此华实齐生。百节疏通，万窍玲珑，亭亭物表，出淤泥而不染，花中之君子也。"[①]宋代周敦颐《爱莲说》，将莲"比德"于君子，"予独爱莲之出淤泥而不染，濯清涟而不妖"（图 3-31）。

　　春秋战国时期始用荷花作纹饰。在铺地中，地面以卵石铺为荷花纹样，或将荷花、荷叶、莲蓬、莲藕单独或组合成画面（图 3-32 ~ 图 3-35）；或将荷花插于瓶中，为"四季瓶花"之一的瓶莲（图 3-36 ~ 图 3-39）；或为"花发大如酒杯，叶缩如碗口，亭亭可爱"的碗莲，象征高洁的精神境界（图 3-40 ~ 图 3-43）。

① （明）王象晋：《群芳谱》。

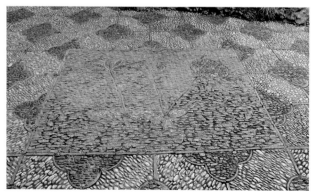

图 3-31　荷花纹（沧浪亭）

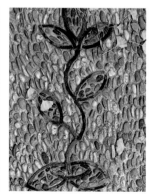

图 3-32　荷花纹（退思园）

图 3-33 荷花纹（留园）

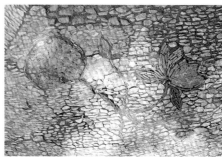
图 3-34 荷花纹（留园）

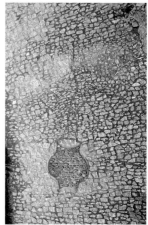

图 3-35 荷花纹（留园）

图 3-36 荷花纹（留园）

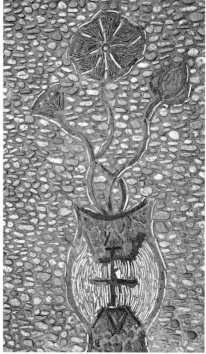

图 3-37 荷花纹（留园）

图 3-38 荷花纹（拙政园）

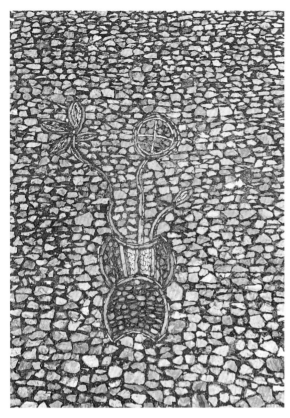

图 3-39　荷花纹（网师园）

图 3-40　荷花纹（留园）

第三章 植物符号铺地

图 3-41 荷花纹（拙政园）

图 3-42　荷花纹（严家花园）

图 3-43　荷花纹（拙政园）

　　莲有一蒂二花者，称并蒂莲，是荷花的品种之一，并蒂同心象征男女好合，夫妻恩爱，形影不离，白头偕老。"莲"与"连"谐音，莲蓬为莲之果实，花和果实一起生长，莲藕连生，且莲蓬多籽，借喻结婚生子、连生贵子（图 3-44～图 3-51）。"莲"又与"廉"谐音，民俗有"一品清廉"，即谐音取意。

　　在中国佛教中，荷花是八大祥物之一。佛教以淤泥秽土比喻现实世界中的生死烦恼，以荷花比喻清净佛性和西方净土，认为荷花是孕育灵魂之处，象征纯洁、端正和沉着。荷花即莲花，因有莲经、莲座、莲台、莲宇、莲房、莲衣等称。相传摩耶夫人坐于莲花座上生下了佛祖释迦牟尼，佛祖降生的时候，池中生出千叶莲花，莲花又为佛祖象征（图 3-52～图 3-55）。

　　满地铺满荷（莲）花，象征"步步生莲"。明代计成所谓"莲生袜底"，也是如意之意。据《南史》载：南朝东昏侯为潘妃凿金为莲花贴地，令妃行其上，曰："此步步生莲花也。"这里则象征"走上圣洁之途"。《佛本行集经·树下诞生品》载，释迦牟尼在兰毗尼园"生已，无人扶持，取行四方，面各七步，步步举

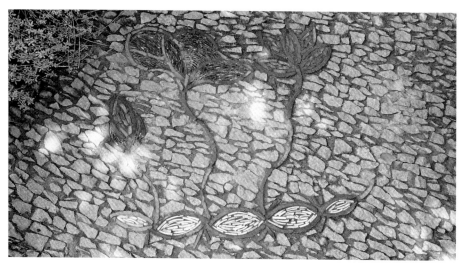

图 3-44　荷花纹（留园）

第三章　植物符号铺地

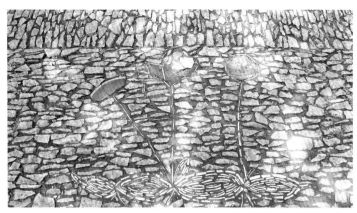

图 3-45
荷花纹（留园）

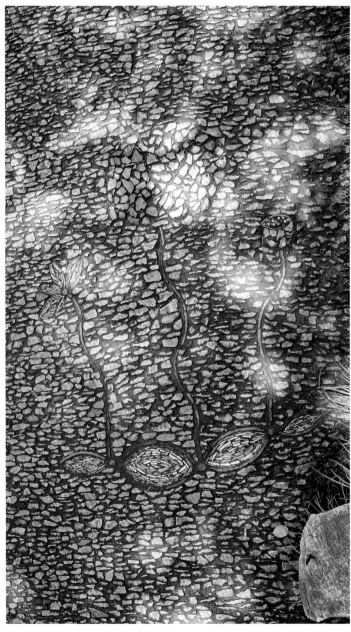

图 3-46
荷花纹（留园）

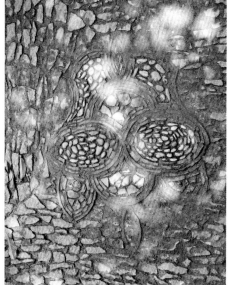

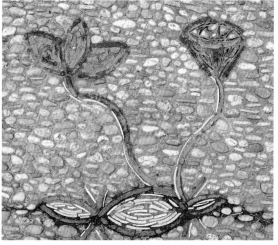

图 3-47	图 3-48
图 3-49	图 3-50

图 3-51

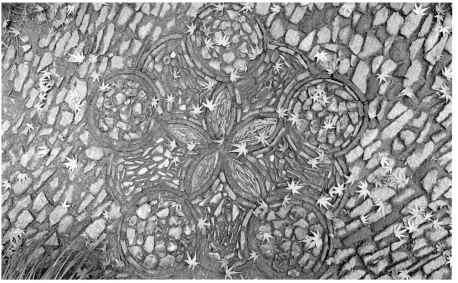

图 3-47
荷花纹
（天香小筑）

图 3-48
荷花纹（留园）

图 3-49
荷花纹
（天香小筑）

图 3-50
荷花纹
（拙政园）

图 3-51
荷花纹（留园）

图 3-52　荷花纹（寒山寺）

图 3-53　荷花纹（寒山寺）

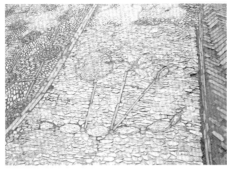

图 3-54　荷花纹（寒山寺）

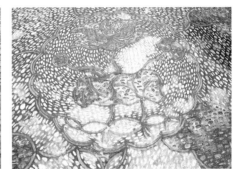

图 3-55　荷花纹（寒山寺）

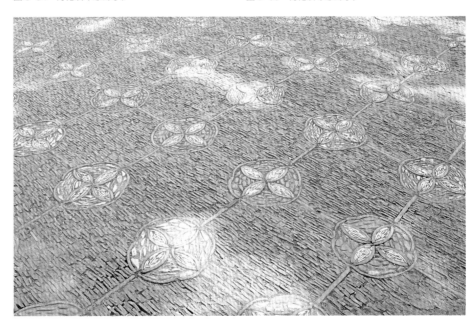

图 3-56　荷花纹（退思园）

足，出大莲华"。又有《杂宝藏经·莲花夫人缘》载，在雪山边学仙的婆罗门提
婆延，常于石上小解，有精气流入石宕。一雌鹿来舐小便处，即有娠。足月后生
下一女，端正殊妙，人称鹿女，长大"既能行来，脚踏地处，皆莲花出"。鹿女
后为乌提延王王妃，生五百子，皆成"辟支佛"（图 3-56）。

三、菊花纹

　　菊花，别名菊华、秋菊、九华、黄花、帝女花等，是中国传统名花。它隽美多姿，凌霜盛开，不以娇艳姿色取媚，却以素雅坚贞取胜，成为温文尔雅的中华民族精神的象征，被尊为国粹，自古受人爱重。被戴上"隐逸之宗"桂冠的晋代陶渊明，"采菊东篱下，悠然见南山"，菊花因此亦被视为"花之隐逸者"。"一从陶令评章后，千古高风说到今"，菊花象征着高洁和坚贞，与梅、兰、竹合称"四君子"。

　　中医视菊花为一种健身益气、清凉解热药，能延年益寿，属长寿花，菊花与松柏组合在一起，象征坚贞不屈。

　　将菊插于瓶中，为"四季瓶花"之一，具有长寿、平安、吉祥的含义（图3-57～图3-59）。

图 3-57
菊花纹（留园）

第三章　植物符号铺地

图 3-58
菊花纹
（退思园）

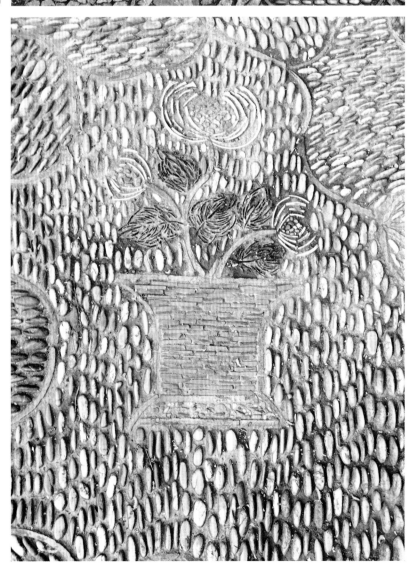

图 3-59
菊花纹
（严家花园）

四、石榴纹

石榴树与佛教一起从中亚、西亚地区流传到中国，是佛教四大圣树之一。《可兰经》称石榴为天堂水果；古波斯人称石榴树为太阳的圣树；亚述王国视石榴树为不朽的生命之树，视石榴为祭祀圣果。红石榴为佛徒七宝之一，是可除魔障的吉祥果；菩萨手持石榴枝象征平安神、夫妻恩爱神。石榴在希腊神话中还被称为忘忧果，石榴花则被称为榴火、榴锦、榴霞，是繁荣的象征，是丰饶神之一。"千房同膜，千子如一"的石榴，为多子的象征（图 3-60～图 3-62）。石榴也是爱情的象征，"石榴裙"成为女性的代名词。

在太湖石边的石榴纹铺地，因"石"与"世"谐音，表示多子多福，世代相传。

图 3-60　石榴纹（留园）

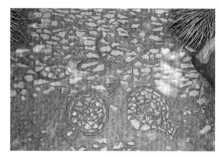

图 3-61　石榴纹（留园）

图 3-62　石榴纹（沧浪亭）

第三节

灵木仙卉纹（三）铺地

一、向日葵纹

向日葵，一名西蕃葵，亦称丈菊、西蕃菊。向日葵六月开花，花呈黄色，每于顶上只开一花，黄瓣大心。其形如盘，随太阳旋转：如日东升则花朝东，日中天则花直朝上，日西沉则花朝西（图3-63～图3-65）。向日葵原产美洲，公元1510年才输入西班牙。明代王象晋成书于天启元年（1621年）的《群芳谱》，附录一则《西番葵》，称之为迎阳花。向日葵之名最早见于清代陈淏子《花镜》一书，向日葵属菊科，象征"向往渴慕之忱"。

向日葵不是唐代杜甫诗中所说"葵藿倾太阳，物性固莫夺"[1]的葵，这种葵属于锦葵科植物，葵花向日而倾乃是后起之意；有关葵的古代故事和出典，都与向日葵没有关系。

① （唐）杜甫：《自京赴奉县咏怀》，《全唐诗》上卷二百一十六。

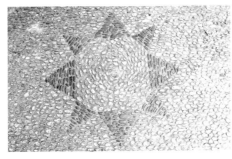

图3-63 ｜ 图3-64
图3-65

图3-63
向日葵纹
（天香小筑）

图3-64
向日葵纹
（退思园）

图3-65
向日葵纹
（启园）

二、万年青纹

万年青又名千年蒀，属多年生常绿草本植物。由地下丛生，叶片肥大呈深绿，经冬不凋，果实圆如球形，成熟后色彤红。万年青观赏价值较高，果实鲜艳，阔叶碧绿，对比分明，素雅大方。

万年青为吉祥之物，象征着瑞祥吉庆，万年如春。万年青栽在元宝形、如意腿的盆（桶）中，喻富贵有余、如意万年、一统（桶）万年（图 3-66 ~ 图 3-70）。

图 3-66　万年青纹（留园）

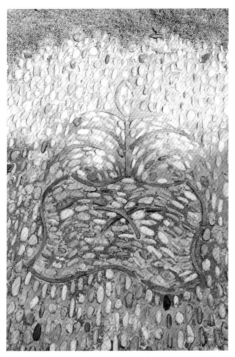

图 3-67　万年青纹（启园）

图 3-68　万年青纹（天香小筑）

图 3-69　万年青纹（天香小筑）

图 3-70　万年青纹（留园）

三、柿蒂纹

　　柿蒂纹外形略呈八方，中为十字穿海棠花纹，以像柿蒂而名。《酉阳杂俎》："木中根固，柿为最。俗谓之柿盘。"意思是说：树木当中要论扎根牢固，柿树是最牢固的，一般人都叫它"柿盘"。并谓柿树有七德：一长寿，二多阴，三无鸟窠，四无虫蚀，五霜叶可玩赏，六嘉实味美，七落叶肥大可以临书。[①]著名画家张大千以柿子为主题在巴西建"八德园"，认为柿子七德以外，尚有柿树叶泡水可治胃病一德，因名"八德"。柿子树最坚固，"柿"与"事"谐音，柿蒂纹象征着家业坚实稳固，事事如意（图3-71、图3-72）。

① （唐）段成式：《酉阳杂俎》卷十八。

图 3-71
柿蒂纹
（退思园）

图 3-72
柿蒂纹
（留园）

第四章

文字符号铺地

中国书画同源。中国文字，形美、声美、义美"三美"俱全。中国向来有崇文传统，苏州尤盛。因而，苏州园林亦用中国文字作为铺地图案，也有类似中国文字的图案，如回纹、人字纹；还有的本来不是文字，后来才被赋予了文字的意义，如卍字纹。

第一节

"福、禄、寿、囍"字纹铺地

一、福字纹

我国古代崇尚"福"，"福"是人生幸福美满、称心如意、升官发财、长命百岁等美好含义的总概念（图 4-1）。

图 4-1
福字纹
（退思园）

二、禄字纹

"禄"，即做官吃俸禄。中国古代以"人"为本位的哲学，是建立在承认人不仅有功用价值（社会价值），还具有内在价值的基础上的，这内在价值就是人的自我价值。"内圣外王"之道，成为知识分子所崇尚的理想之道。自先秦时代开始，就倡导强烈的社会责任感，力图在社会大舞台上发挥作用，"兼善天下"，以体现自我价值。在漫长的集权专制的政治制度下，中国古代知识分子的政治理想、经济地位、社会地位的实现程度，确实都和官位的高低紧密地联系在一起，想体现个人在社会群体中的自我价值，就得进入官场"吃俸禄"（图4-2）。

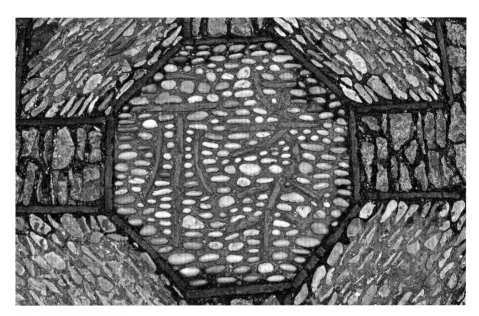

图4-2　禄字纹（天香小筑）

三、寿字纹

《尚书·洪范》篇中有"五福"之说："一曰寿，二曰富，三曰康宁，四曰攸好德，五曰考终命。"即一求长命百岁，二求荣华富贵，三求吉祥平安，四求行善积德，五求人老善终。《洪范》篇是商末巫祝的典籍，古人认为其辞乃上帝的训词，所以为后世所尊崇。"五福"以"寿"为首、为核心，其他均寓于"寿"字之中，体现了中华先人对生命的关注和强烈的生命意识。"寿"字纹铺地有成圆状的团寿（图4-3～图4-5）；也有基本为"寿"字文字状或径直以文字"寿"为图案的铺地（图4-6～图4-9）。

福、禄、寿三字组合的铺地（图4-10），更是别具一格，内涵丰富，喻幸福美满、升官发财、长命百岁。

图 4-3 寿字纹（天香小筑）

图 4-4 寿字纹（陈御史花园）

图 4-5 寿字纹（春在楼）

图 4-6 寿字纹（网师园）

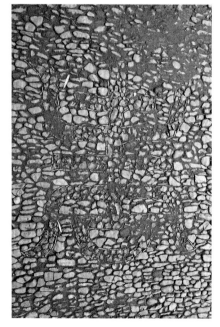

图 4-7 寿字纹（天香小筑）

图 4-8 寿字纹（春在楼）

图 4-9 寿字纹（退思园）　　　　图 4-10 "福禄寿"字纹（退思园）

四、囍字纹

古人以"久旱逢甘霖，他乡遇故知，洞房花烛夜，金榜题名时"为人生四大乐事，总希望喜事连连、双喜临门。"囍"，是喜庆、吉祥的一种标志，在举行结婚典礼或在庆典活动时，人们常常剪贴"囍"字，以示吉庆。

关于"囍"字的来源，传说最多的源自北宋宰相王安石。相传王安石在赶考途中，看到马员外家出的一副征婚上联，要求有才学的人对出下联。此上联是："走马灯，灯马走，灯熄马停步"。王安石因赶考，当时未能理会。事有凑巧，考试时考官以厅前的"飞虎旗"作题出下联，要求对上联。此下联是："飞虎旗，旗虎飞，旗卷虎藏身"，王安石想起马员外家出的"走马灯"上联，即以它对"飞虎旗"下联。考试过后，王安石来到马员外家，又以"飞虎旗"下联对"走马灯"上联。员外十分高兴，承诺将女儿嫁给他。在成亲当天，王安石接到金榜题名的喜讯，可谓喜上加喜，就写了一个大红"囍"字贴在门上，吟道："巧对联成双喜歌，马灯飞虎结丝罗。"从此，"囍"便成为新婚时不可缺少的字了。一说是有个名叫有喜的读书人的事，不过与他成婚的员外女儿名喜凤，故曰双喜；又传乃明代浙江杭州方秀才的事。版本虽不同，但相同点都是"洞房花烛夜，金榜题名时"，喜上加喜。

总之，民间举行婚礼，门上要贴对联、贴"囍"字；为了祝福夫妇幸福美满、白头偕老，结婚的日子往往选择成双的日子，写"喜"字时也都喜欢写成"囍"。

图 4-11 "囍"字纹铺地内涵丰富，于花丛中嵌"囍"字，喻富贵双喜。

图 4-11　囍字纹（严家花园）

第二节

卍字纹、十字纹铺地

一、卍字纹

万字（"卍"，钩向左的万字；"卐"，钩向右的万字），原为古代的一种符咒、护符或宗教标志，通常被认为是太阳或火的象征。在早期基督教艺术和拜占庭艺术中，都可见到"卐"。纳瓦霍印第安人以"卍"象征风神雨神，代表生命和四季；早期日耳曼民族共有的神祇托尔是个雷神，"卐"是他的槌子。

太阳为古代少暤、太暤族的图腾，以卍字纹或十字纹象征。卍字纹亦见于我国古代岩画所绘的太阳神或象征太阳神的画像中，象征着太阳每天从东到西旋转运行。一曰"卍"乃"巫"的变体，最早的"巫"是太阳的信使（图4-12）。

在印度，婆罗门教、佛教等都使用"卐"这个符号，梵语Srivatsa，音译作"室利靺蹉"，意为吉祥海云、吉祥喜旋，为佛三十二相之一、八十种好之一，据说佛祖再生时，胸前显现"卐"形德相，"其光晃昱，有千百色"，是象征慧根开启、觉悟光明和吉祥如意的护符，代表着功德圆满。一说"卐"为佛足迹上65个吉祥标志中的第一个，而"卍"（梵语Sauvastika）为第十四个标志。在西藏，"卐"这个符号叫作"雍仲"，是其本土宗教——苯教的标志性符号，最初是太阳永恒或者永恒的太阳之意，后来引伸为坚固、永恒、避邪以及吉祥如意的象征。

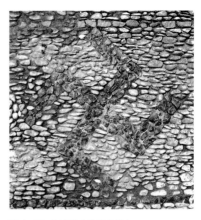

图4-12　卍字纹（天香小筑）

佛教传入至汉地后，万字图案与汉地的"卍"字纹会合使用。唐代慧苑《华严音义》："'卍'本非字，大周长寿二年，权制此文，音之为'万'，谓吉祥万德之所集也。"唐代武则天长寿二年（693年），定此标识读作"万"，寓万德吉祥之意。唐代释慧琳《一切经音义》有关"卍"之叙述，认为应以右旋"卐"为准。民间则流传左旋"卍"，实际两种形式通用（图4-13）。

图4-14为曲水卍字纹，是一种由许多右旋"卐"、左旋"卍"延伸相连组成的流水纹，如水网河道四通八达，取流水连绵不断之意，象征着福寿绵长、富贵不断，民间称为"路路通"。

图4-13　卍字纹（环秀山庄）

图4-14　卍字纹（严家花园）

二、十字纹

在宗教和艺术作品中，"十"是所有几何符号中象征含义最丰富、流传也最为久远的一种，而且随着历史的发展，产生了更多的样式及意义。

1976年，青海东部出土的马家窑文化中，有四圆圈十字纹彩陶壶、四圆圈十字网纹彩陶壶等，说明"十"在中国新石器时代就已出现。"十"乃先民"日出入"祭祀、正东西南北定四方的象征性符号。甲骨文"巫"作"十"，"十"为"巫"事神的工具。

中国的远古时代，"亚"与"十"无异不二，象征着至上神权与世俗权力，生命之肇始、本根，生命循环创造之过程，是沟通天、地、人之工具，也即沟通天堂、地狱、人间的世界轴心所在。

在基督教中，"十"是忠诚的象征。对"十"的崇拜，渊源于对数字"四"的崇拜，"十"为静止的太阳，"卐"为运动着的太阳。

"十"还代表着绝对平衡和圆满；"十"这一数字又是阳性和阴性数字的结合，因而又是婚姻的象征。正方形加"十"代表着大地和稳固。

苏州园林十字纹铺地大量地呈现外方形套十字穿海棠花纹形式（图4-15～图4-18），寓阳光满堂、春色满堂之意。

图4-15 十字纹（启园）

图4-16 十字纹（怡园）

图4-17 十字纹（耦园）

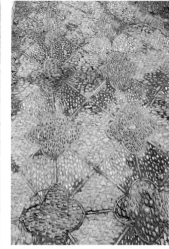

图4-18 十字纹（沧浪亭）   图4-19 十字纹（耦园）

　　以下图中十字纹铺地各具特色：图4-19十字穿海棠花纹分叉成"米"；图4-20十字穿海棠花纹，铺得很精美，花蕊绽开着；图4-21十字穿八方纹，也很别致；图4-22十字穿方形和十字穿海棠花纹组合；图4-23十字穿菱形纹；图4-24、图4-25十字穿古钱纹；图4-26十字穿古钱海棠花纹。图案稍有变化，寓意则基本相同，均寓满堂富贵之意。图4-23、图4-24的十字纹与周边纹相结合呈柿蒂纹样，还含有事事如意的吉祥含义。

图4-20 十字纹（环秀山庄）

第四章　文字符号铺地

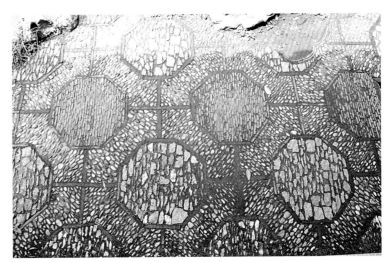

图 4-21
十字纹
（耦园）

图 4-22
十字纹
（耦园）

吟花席地——铺地

图4-23 十字纹（留园）

第四章　文字符号铺地

图 4-24　十字纹（留园）

图4-25　十字纹（狮子林）

图4-26　十字纹（狮子林）

第三节

人字纹铺地

　　人字纹（图4-27、图4-28）、席纹，在古陶纹上都有，源于编织纹。编织纹是渔猎时代古人因纺织器物内结构形象的启示而产生的图案，主要纹样有网纹、篮纹、绳纹等，它常与植物图案或者与渔网相关的纹样组合在一起，有时也装饰在螺旋纹的圈心中。

　　人字纹、席纹后来成为皇道专用图纹，寓意"人上人"，突出皇帝独尊、高踞万人之上。图4-29即专为乾隆皇帝铺设的人字纹御道，但原图纹已破损，现系重铺，近似冰裂纹。

图4-27　人字纹（畅园）

图4-28　人字纹（沧浪亭）

图 4-29 人字纹御道（天平山庄）

第五章

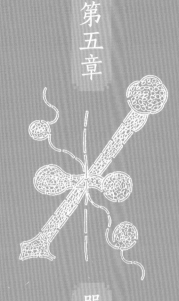

器物符号铺地

器物本是无生命无意识的东西，但有些器物已成为财富的象征，有些器物则缘于本是仙佛手中的法器，因而颇具神秘的色彩、神奇的力量。苏州园林为典型的文人园林，所以，铺地的器物符号，除了求吉避邪、聚财求福等吉祥物外，还有文人的风雅器物符号。

第一节

"暗八仙"纹铺地

八仙是道教供奉的八位散仙，唐代已有关于他们的传说，但名姓时有变更。至明代吴元泰小说《东游记》才确定为以下八人：铁拐李、吕洞宾、汉钟离、张果老、韩湘子、曹国舅、蓝采和、何仙姑。据说八仙分别代表男、女、老、少、富、贵、贫、贱八个方面，是百姓人家共同喜好的神仙。

"暗八仙"是八位散仙所持器物组成的一种吉祥图案。因只见神仙手持的器物而不见仙人，故称之为"暗八仙"。八仙原属道教人物，故"暗八仙"图案常用于道教建筑装饰。但有些与道教无关的园林建筑上也可见这类图案装饰，用以表示神仙来临，象征喜庆吉祥，有祝颂之意。

一、葫芦纹

葫芦为八仙之一铁拐李所持宝物，"葫芦盛药存五福"，传说能炼丹制药，普救众生。铁拐李，原名李凝阳，遇太上老君得道。一日，他神游华山赴太上老君之约，嘱徒儿：七日不返可火化其身。然而徒儿因母亲生病急欲回家，六日即将其身火化。致使李凝阳第七日魂返无所归，乃附一跛脚乞丐的尸体而起，蓬头垢面，袒腹跛足，又以水喷倚身的竹杖变为铁拐，故名铁拐李。

中国古代神话传说认为，葫芦是天地之缩微，里面充满着灵气。民间既将它视为避邪镇妖之物，又将它比喻为多子多福。葫芦藤蔓绵延，"累然而生，食之无穷"，籽粒众多，数而难尽，因此被作为绵延后代、子孙众多的象征。同时，葫芦藤蔓葱茏茂盛，缠绕绵长，又取其滋长、长久之意。葫芦藤蔓之"蔓"与"万"谐音，喻万代绵长（图5-1～图5-5）。

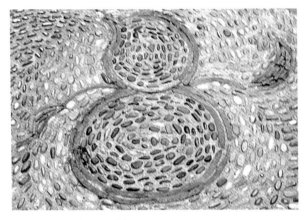

图 5-1 葫芦纹（榜眼府第）

图 5-2 葫芦纹（惠荫园）

图 5-3 葫芦纹（寒山寺）

图 5-4 葫芦纹（严家花园）

图 5-5 葫芦纹（环秀山庄）

"葫芦"与"福禄"谐音，含富贵长寿、加官晋爵之意。葫芦与如意、毛笔、银锭组合，喻"必（笔）定（锭）福禄如意"；葫芦加飘带与如意组合，喻万代（带）如意。（图 5-6 ~ 图 5-10）

图 5-6　葫芦纹（留园）

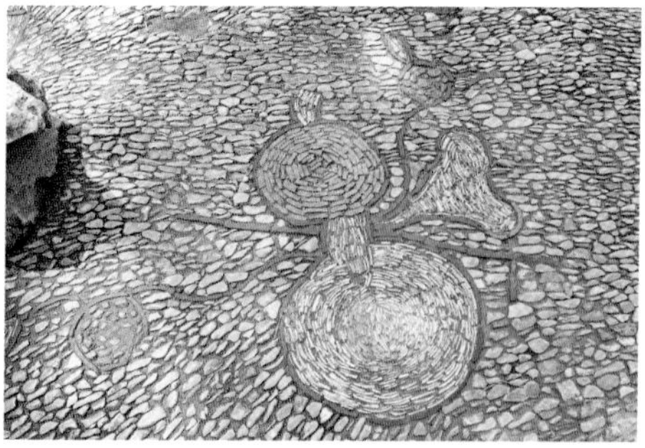

图 5-7　葫芦纹（留园）

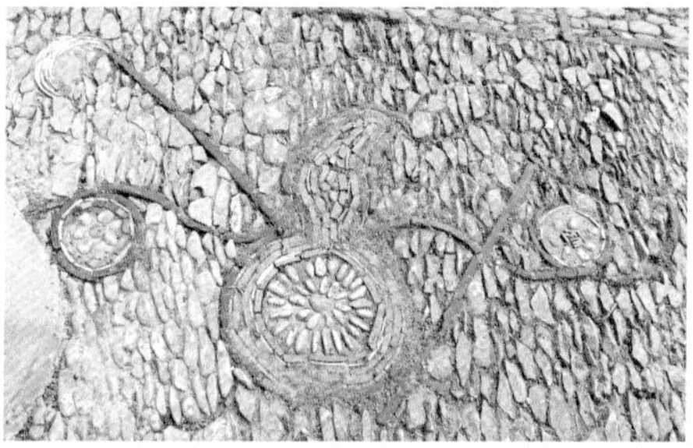

图 5-8　葫芦纹（春在楼）

图 5-9　葫芦纹（天香小筑）

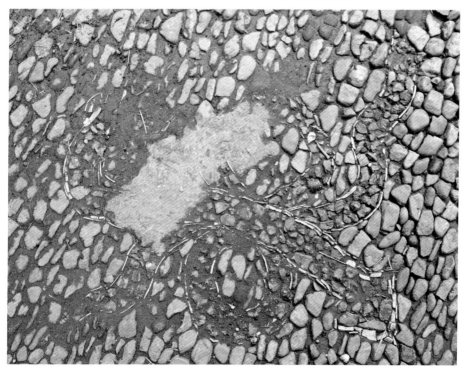

图 5-10　葫芦纹（天香小筑）

二、宝剑纹

八仙之一吕洞宾身背宝剑，"剑透灵光鬼魄寒"。吕洞宾，号纯阳子，传为唐人，头顶华阳巾，身穿白长衫，学究气十足。相传吕洞宾进士落第后遇汉钟离，汉钟离于炉上煮黄粱饭，授枕予洞宾睡。吕洞宾梦见自己中进士、当官、升侍郎、成亲、为宰相、被诬害、获罪、家破人亡、穷困潦倒；倏忽醒来，黄粱犹未熟，方知贵不足喜，贱不足忧，人世间不过一场梦。遂弃家拜汉钟离为师，入终南山修道，世称纯阳祖师，为北五祖的第三位。

吕洞宾有一口阴阳剑，得道后曾云游江淮，斩蛟除害、驱邪赐福，所持天盾剑法，有镇邪驱魔之能。《能改斋漫录》记吕洞宾"自传"曰："世言吾飞剑取人头，吾甚晒之。实有三剑，一断烦恼，二断贪嗔，三断色欲，是吾之剑也。"此剑不是道教的斩妖剑，而是佛教斩心魔的慧剑（图5-11～图5-14）。

宝剑和如意、毛笔、银锭等组合，喻"必（笔）定（锭）如意"（图5-15～图5-18）。

图5-11　宝剑纹（环秀山庄）

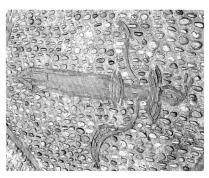

图5-12　宝剑纹（榜眼府第）

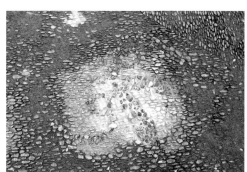

图5-13　宝剑纹（天香小筑）

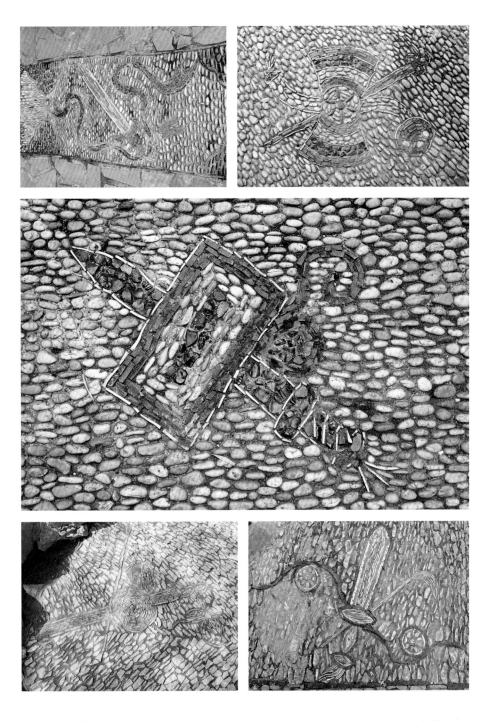

图 5-14　宝剑纹（严家花园）

图 5-15　宝剑纹（天香小筑）

图 5-16　宝剑纹（天香小筑）

图 5-17　宝剑纹（留园）

图 5-18　宝剑纹（春在楼）

图 5-14	图 5-15
图 5-16	
图 5-17	图 5-18

三、宝扇纹

八仙之一汉钟离手不离扇，慢摇葵扇乐陶然。汉钟离原名钟离权，号和谷子、正阳子，头梳大丫髻，露着大肚腩，浑目耸鼻，手摇棕扇。据说原为汉朝大将，后遇到铁拐李点化，入山修炼得道。下山后飞剑斩虎，点金济众，最后与其兄简同日升天成仙。因其自谓生于汉，遂称汉钟离，为北五祖的第二位。

汉钟离所持玲珑宝扇能起死回生，驱妖救命。据晋代崔豹《古今注》曰："（舜）广开视听，求贤人以自辅，故作五明扇焉。秦汉公卿士大夫皆得用之，魏晋非乘舆不得用。"扇子自发明之日起，就与"广开视听"相联系，是"德"的载体。扇者，"善也"，"扇"与"善"谐音，送给旅人，寓意"善行"；用于铺地图案，有驱邪行善之意（图5-19～图5-22）。

宝扇与如意、毛笔组合，增加"必（笔）定（锭）如意"的内容（图5-23），宝扇加上如意、银锭，增加"定（锭）能如意"的吉祥含义（图5-24）。

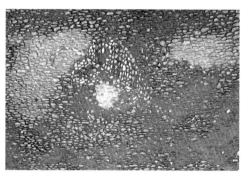

图5-19 宝扇纹（天香小筑）

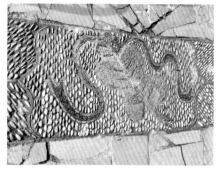

图5-20 宝扇纹（严家花园）

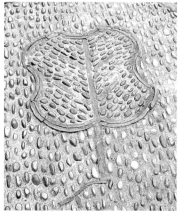

图5-21 宝扇纹（榜眼府第）

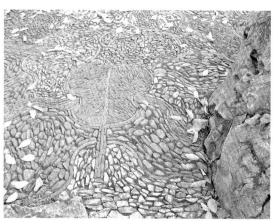

图5-22 宝扇纹（环秀山庄）

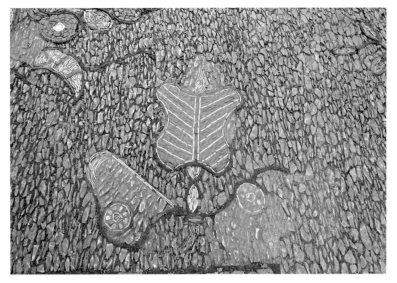

图 5-23　宝扇纹（春在楼）

图 5-24　宝扇纹（春在楼）

四、鱼鼓纹

八仙之一张果老，实名张果，八仙之中惟一不是被人度成仙的。张果老为唐代道士，常倒骑白驴，日行万里。唐武则天时，自称已数百岁，武后召之出山，他装死不赴。唐玄宗时，派使者请他入朝，授以银青光禄大夫职衔，赐号"通玄先生"。

张果老所持鱼鼓，能星相卦卜、灵验生命，所谓"鱼鼓频敲传梵音"（图5-25～图5-27）。

图5-28～图5-30构图中都点缀了如意、毛笔或两支形似笔的物件，寓意也添加"必（笔）定（锭）如意"之意。图5-31灯笼纹中套鱼鼓、如意，更添喜庆如意的色彩。

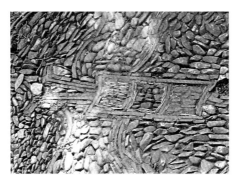

图 5-25　鱼鼓纹（环秀山庄）

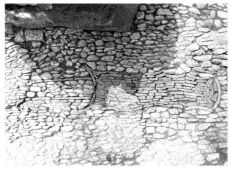

图 5-26　鱼鼓纹（留园）

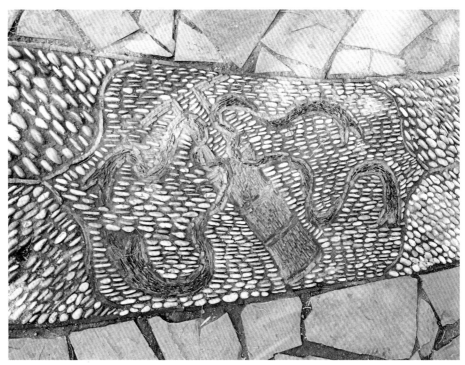

图 5-27　鱼鼓纹（严家花园）

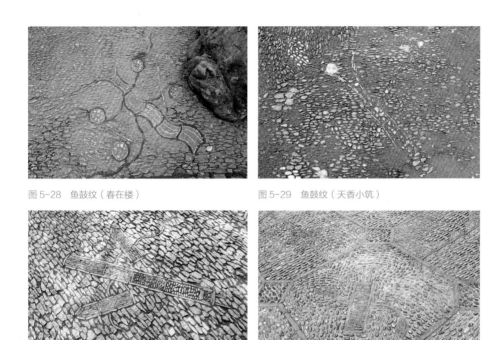

图 5-28　鱼鼓纹（春在楼）　　　　　　图 5-29　鱼鼓纹（天香小筑）

图 5-30　鱼鼓纹（留园）　　　　　　　图 5-31　鱼鼓纹（榜眼府第）

五、洞箫纹

　　八仙之一韩湘子，名韩湘，唐代韩愈之侄孙。自幼随吕洞宾学道，后登桃树坠死而尸解登仙。韩愈以谏迎佛骨事贬谪潮州之时，韩湘子曾护韩愈抵任。韩湘子掌握箫管，紫箫吹度千波静，妙音萦绕万物生。

　　图案中洞箫旁点缀着如意、毛笔、银锭等物，强化着洞箫的吉祥涵义，并增富贵如意之意，画面显得均衡美观（图 5-32～图 5-36）。

图 5-32
洞箫纹
（春在楼）

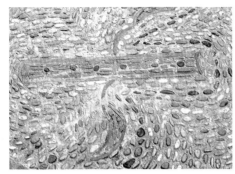

图 5-33　洞箫纹（榜眼府第）

图 5-34　洞箫纹（环秀山庄）

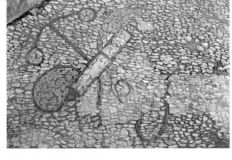

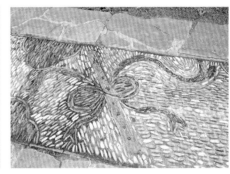

图 5-35　洞箫纹（留园）

图 5-36　洞箫纹（严家花园）

六、阴阳玉板纹

八仙之一曹国舅，名景休，宋仁宗曹皇后之弟，故称国舅，因包庇其弟杀人而伏罪。其弟曹景植被包拯斩首，仁宗为救景休大赦天下，才得以解脱。后耻见于人而隐居山岩，矢志修道，遇汉钟离和吕洞宾，得度成仙。

曹国舅手持玉板，"拍板和声万籁清"。玉板往往与如意、毛笔、银锭等组合成图，增加"必（笔）定（锭）如意"之意，画面也丰富多姿（图 5-37 ～ 图 5-41）。

图 5-37
阴阳玉板纹
（春在楼）

图 5-38　阴阳玉板纹（留园）

图 5-39　阴阳玉板纹（榜眼府第）

图 5-40　阴阳玉板纹（严家花园）

图 5-41　阴阳玉板纹（环秀山庄）

七、花篮纹

　　八仙之一蓝采和得汉钟离度化成仙。蓝采和衣破褴褛，一足靴，一足跣，夏则披絮，冬则卧雪，气出如蒸；常行歌于市中乞讨，手持大拍板长三尺余，似醉非醉，歌皆神仙脱世之意。有人孩童时见过他，及至年老再见，其颜状如故，后于酒楼乘醉骑鹤而去。蓝采和常提花篮，"花篮尽蓄灵瑞品"，篮内的神花异果，能广通神明（图 5-42 ~ 图 5-45）。

　　花篮与如意、毛笔等组合成图，增"必（笔）定（锭）如意"、长寿之意。如图 5-46 是冰纹花篮与如意、万年青组图；图 5-47 是龟纹花篮与如意、毛笔组图。

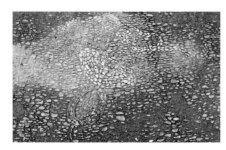

图 5-42　花篮纹（天香小筑）

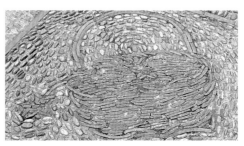

图 5-43　花篮纹（榜眼府第）

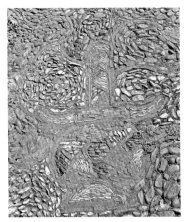

图 5-44　花篮纹（环秀山庄）

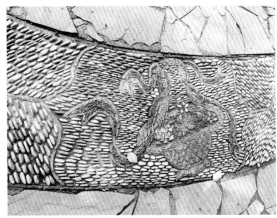

图 5-45　花篮纹（严家花园）

图 5-46　花篮纹（天香小筑）

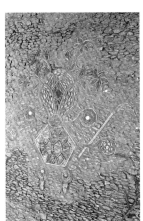

图 5-47　花篮纹（春在楼）

八、荷花纹

　　荷花为八仙之一何仙姑所持宝物，何仙姑是八仙之中唯一的女仙。十三岁时，她入山采茶，遇吕洞宾。后梦神人云：吃云母粉，可以轻身且长生不死。遂誓不嫁、渐绝五谷。每日朝出，往来山谷，轻身飞行，暮持山果归来服侍母亲。荷花亦称莲花，莲花在佛教上被认为是西方净土的象征，"荷花洁净不染尘"，"出淤泥而不染，濯清涟而不妖，中通外直"。人们将荷花喻为君子，给人以圣洁之形象，可修身禅静。

　　荷花图案往往与如意、毛笔组合，增"必（笔）定（锭）如意"的吉祥涵义（图 5-48 ~ 图 5-51）。

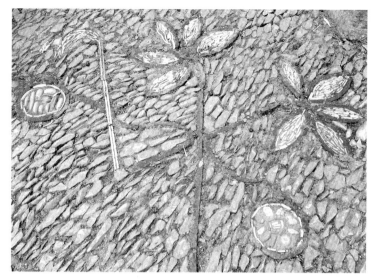

图 5-48
荷花纹
（春在楼）

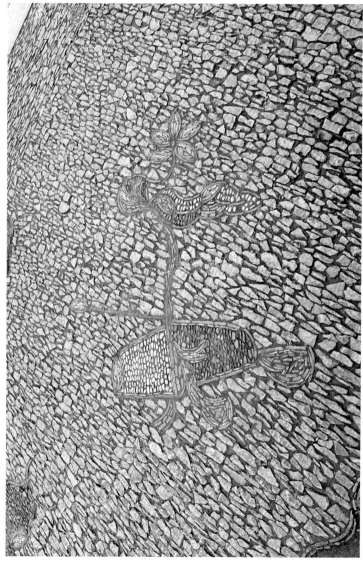

图 5-49
荷花纹
（留园）

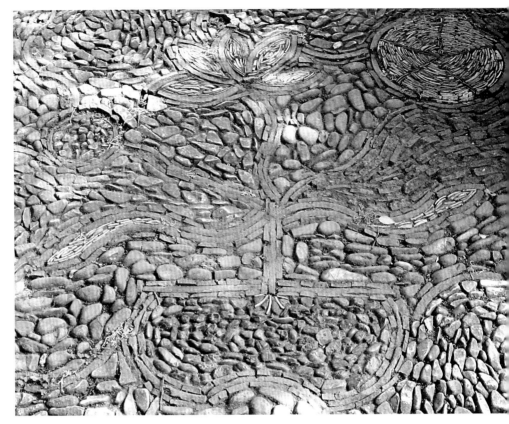

图 5-50　荷花纹（环秀山庄）

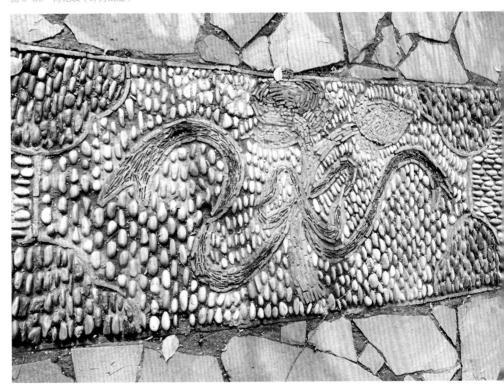

图 5-51　荷花纹（严家花园）

第二节

求吉避邪器物纹铺地

一、方胜纹

"胜"原为古代神话中西王母所戴发饰。《山海经》载:"西王母其状如人,豹尾虎齿而善啸,蓬发戴胜。"晋代郭璞注:"胜,玉胜也。"

方胜之形状,据《清稗类钞》称:"以两斜方形互相联合,谓之方胜。"

汉墓出土的画像砖中,西王母两鬓各戴一个饰物,造型是以一个圆形为中心,上下各附一个梯形翼翅;两个饰物分别固定在簪钗之首,从左右两侧对插入髻中;这种饰物就叫作"胜"。

戴胜的西王母是中国神话中的生命之神。神话中到处有不死药、不死草的昆仑神界乐园,是西王母的住所,于是西王母理所当然地成了掌管不死药的神仙,能使人长寿,仙法盖天,其所戴的饰物也就有了吉祥的意义。原来是可畏的厉神西王母,转化成了广赐福德的女神仙。

《宋书·符瑞志》载有"金胜",所谓"国平盗贼,四夷宾服则出"。"方胜",明清以来已成为吉祥图案中常见的纹饰之一。因为方胜两相叠压,所以被赋予了连绵不断的吉祥寓意,广泛用于男女首饰。

两个菱形压角相叠交成方胜,有同心吉祥、克制邪恶之意(图5-52);三个菱形互相压角相叠压,似两个方胜叠压(图5-53~图5-55),称之连胜;两色菱形连接成菱花不断,一直砌到底,但没有相叠交,似为方胜衍化,有"步步胜"之吉祥意义(图5-56)。

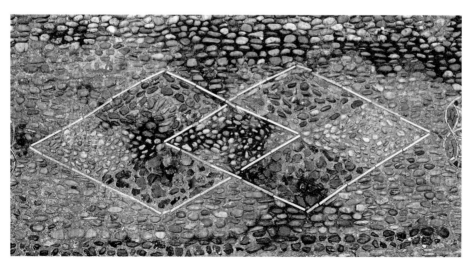

图 5-52
方胜纹(天香小筑)

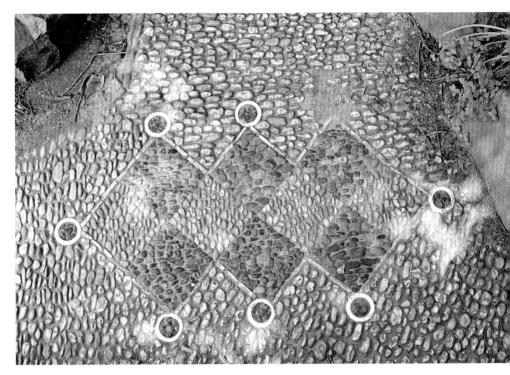

图 5-53　方胜纹（天香小筑）

图 5-54　方胜纹（网师园）

图 5-55 方胜纹（启园）　　　　图 5-56 方胜纹（天香小筑）

二、厌胜钱纹

我国古代钱形很多，有农具形（似今钺铲）、刀形（钱刀）等多种造型。钱上还刻有文字，颇具装饰美。自秦始皇统一货币后均用铜钱，分为圆形方孔和圆形圆孔两种。圆形方孔外法天，内法地，起于战国末期。在中国的传统习俗中，它作为避邪及富有的象征，被用于装饰上，常铸有"长命富贵"字样；它还被用作护身符，或铸"天下太平""龟鹤齐寿""吉祥如意"等字样，或铸一些灵物图形，用红线串起来佩戴在胸前，用以驱赶使人致病的魔鬼和妖精。

厌胜是古代方士的一种巫术，以诅咒或其他方式压制对方。按一定的图形铸成钱币，称厌胜钱。俗称"花钱"，亦称"押胜钱"，大多有图案花纹，没有币值，不作流通之用，早在西汉就已流行。厌胜钱的本意，当指以压禳为目的而特制之迷信物，但后来所指范围越来越广：凡不作为流通钱币之"非正用品"，诸如避邪、开炉、镇库、吉语、八卦、春钱、打马、戏作、赏赐、庙宇、供养、挂灯、上梁、冥钱等，均泛称厌胜钱。厌胜钱图案内容丰富，涉及历史、地理、风俗民情、宗教、神话、书法、美术、娱乐、工艺等各个方面。

用来铺地的厌胜钱纹，多为圆形方孔的铜钱形，取其"钱""全"谐音和方孔之"眼"，有的两枚一组，分别嵌白、蓝等色（图 5-57～图 5-59）。

图 5-57
厌胜钱纹（耦园）

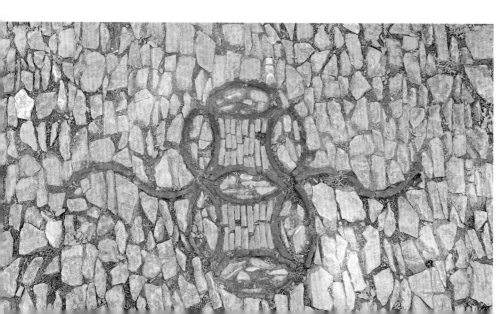

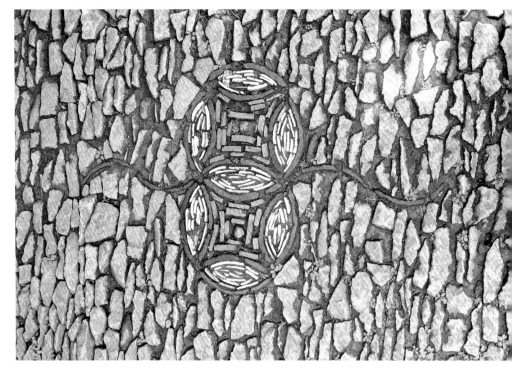

图 5-58　厌胜钱纹（留园）

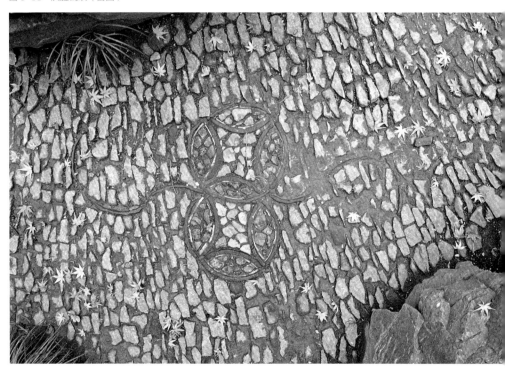

图 5-59　厌胜钱纹（留园）

　　有的三钱相串，兼取"三元"之意，有的几串三钱相连，表示富贵昌盛（图5-60）；有的串成如意形（图5-61），喻吉祥如意。

图 5-60　厌胜钱纹（留园）

图 5-61　厌胜钱纹（拙园）

三、盘长纹

　　盘长是佛家的"八宝"之一，在民间，它与法螺、法轮、宝伞、白盖、莲花、宝瓶、金鱼共称"八吉祥"。盘长在佛教中有"回环贯彻，一切通明"之谓。盘长纹在民间应用极广，俗称"百结"（图5-62～图5-67）。有单独使用、两只并用或连续使用的，如梅花盘长、四合盘长、万代盘长、方胜盘长（图5-68）、百吉盘长等多种图案艺术形式。盘长盘曲连接、无首无尾无休止，显示出绵延不断的连续性，所以人们以它来表达诸事深远、世代绵长、长寿永康、绵延贯通、生命或好事无尽头等生活理想。

　　盘长是绳索盘结，"绳"与"神"、"结"与"吉"谐音，绳子又与龙蛇形状相似，所以还有神圣、团结、吉利等含义，成为民族美学符号中国结的一种形式。

图5-62　盘长纹（留园）

图5-63　盘长纹（留园）

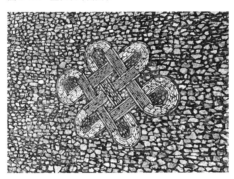

图5-64　盘长纹（网师园）

图5-65　盘长纹（天香小筑）

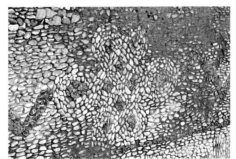

图5-66　盘长纹（天香小筑）

图5-67　盘长纹（退思园）

图 5-68　盘长纹（退思园）

四、如意纹

　　"如意"一词出于印度梵语"阿娜律"。最早的如意，柄端作手指之形，以致手所不能至，搔之可如意，故名。晋唐时代，我国已有如意，是用来搔痒的。和尚宣讲佛经时，手持如意，记经文于上，以备遗忘。道教盛行后，逐渐把如意和灵芝、云纹巧妙地融合在一起，将手形如意改变成灵芝祥云状（图 5-69～图5-71）。传说灵芝能益精气、强筋骨，食之可起死回生，长命百岁；如意同天上的云彩结合起来，形成祥云凝聚、优雅飘逸的神采，蕴涵长寿如意等特有的象征寓意。《琅嬛记》载："昔有贫士，多阴德，遇道士赠一物，谓之如意，凡心有所欲，一举之顷，随即如意，因即名之。"如意者，诸事都如愿以偿也。明清两代，取如意之名，表示吉祥如意、幸福来临，是供玩赏的吉利器物。

　　如意、绳带组合，比喻"如意传代（带）"（图 5-72）；"如意、毛笔、银锭"组合，表示学问、仕途、财物等诸事"必（笔）定（锭）如意"（图 5-73、图5-74）；童子或仕女手持如意骑在象背上，表示"吉祥（象）如意"；"和合二仙"手执如意，或如意与盒子、荷花组合，表示"和合（盒、荷）如意"；如意插在瓶子里，表示"平（瓶）安如意"。

第五章　器物符号铺地

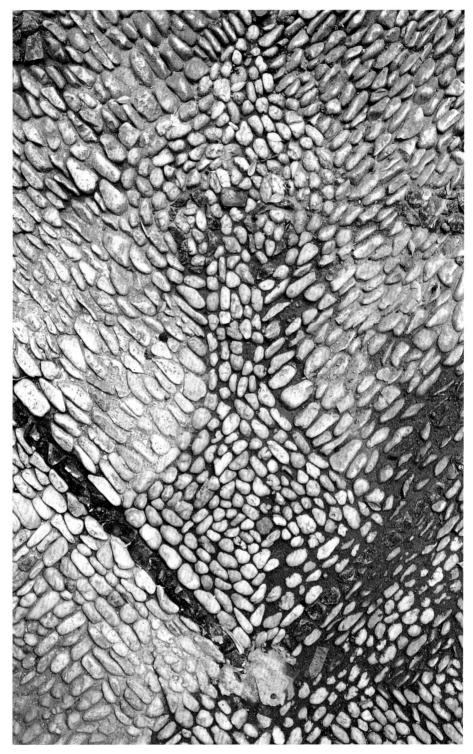

图 5-69　如意纹（天香小筑）

图 5-70　如意纹（退思园）

图 5-71　如意纹（天香小筑）

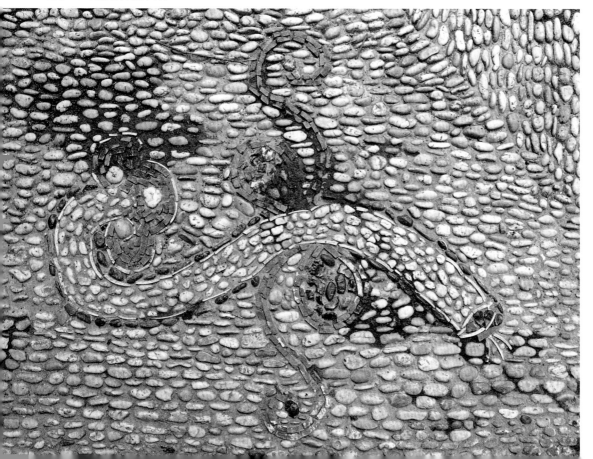

图 5-72　如意纹（可园）

图 5-73　如意纹（留园）

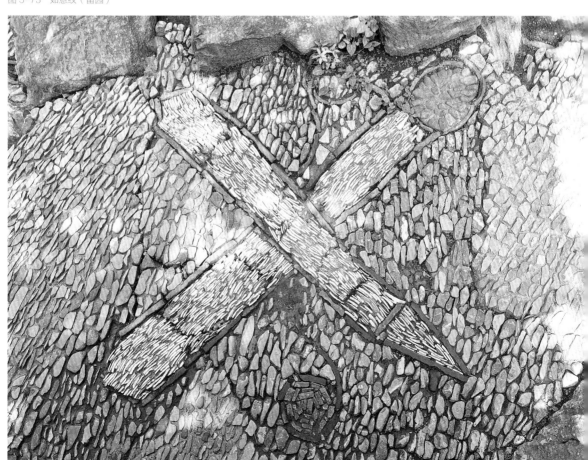

图 5-74　如意纹（留园）

五、宝瓶纹

　　宝瓶，即佛教吉祥八清净之一的净瓶，同时也是密宗修法时灌顶的法器。瓶中装净水，象征甘露；瓶口插孔雀翎，象征吉祥清净，代表福智圆满；宝瓶也是无量寿佛手中的持物，象征灵魂永生不死。"瓶"与"平"谐音，"宝瓶"喻"保平安"，寓意为佛佑平安，吉祥美满（图5-75）。

图 5-75
宝瓶纹（狮子林）

第三节

聚财求福器物纹铺地

一、金银锭纹

　　银锭是中国传统的"八宝"之一，是财富的象征。元宝之"元"借指三元之
"元"，故多被绘入吉祥图案。"三元"的意思很多，此处指科举考试的几个名次。
一说乡试第一名为解元，会试第一名为会元，殿试一甲第一名为状元；一说为殿
试一甲第一、第二、第三名即状元、榜眼、探花。三个元宝叠在一起的纹样，就
叫"三元"，亦称"三元及第"。

　　旧时文官考试之前，友人常赠笔、锭胜糕（元宝形的饼）、粽子，取义"必
（笔）定（锭）如意"。吉祥图案中表达"必定"的意思，多取毛笔、银锭为比拟物。

　　铺地图案中金锭用略带曲线的长方形表示，图5-76两金锭相交，四角隅为
银元宝；图5-77四银锭围灵芝花，喻定能富贵长寿；银锭一般呈元宝形，有的
变式如蘑菇状（图5-78～图5-82）。

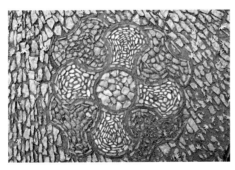

图5-76　金银锭纹（留园）

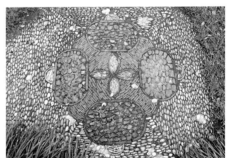

图5-77　银锭纹（留园）

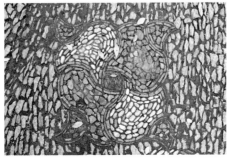

图5-78　银锭纹（留园）

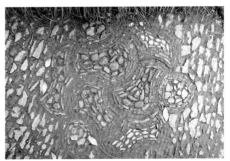

图5-79　银锭纹（留园）

图 5-80　银锭纹（退思园）

图 5-81　银锭纹（留园）

图 5-82　银锭纹（退思园）

二、聚宝盆纹

宝，原来是玉器的总称，后泛指一切珍贵的物品。《国语·鲁语》中的"以其宝来奔"，也指金银钱币等。聚宝盆，象征财源滚滚而来。明初富可敌国的沈万三家藏聚宝盆，给他带来巨额财富。传说沈万三贫穷时，曾梦见青衣者百余人请为救命，天亮后他见有渔翁持百余青蛙，行将剖杀。沈万三感悟，买下青蛙并将它们放生。此后发现蛙鸣达旦，夜不能眠。晨往驱之，见群蛙聚一瓦盆，很惊奇，乃持盆归，作洗手用具。一日，沈万三妻子净手后遗一银戒指于盆，但见盆中银戒指盈满；又以金戒指试之，果亦如此，由此财雄天下。明太祖初定天下，抄没沈万三家资，得其盆，以示识者，告之曰：聚宝盆也。东山春在楼和天香小筑的园主都是商人，自然希望生意兴隆，如富商沈万三一样，家有聚宝盆（图5-83、图5-84）。

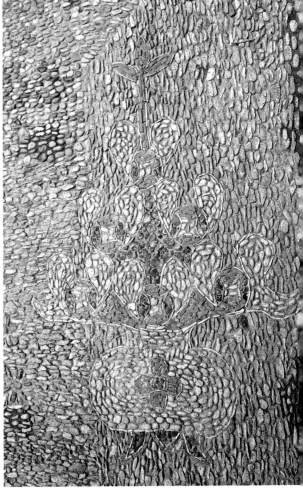

图 5-83　聚宝盆纹（春在楼）

图 5-84　聚宝盆纹（天香小筑）

第四节

文人风雅器物纹铺地

一、折扇纹

折扇，也叫折叠扇、聚骨扇等。中国的折扇是北宋时来自日本、琉球和朝鲜的贡物，因发明自日本，故又称倭扇。明代郑舜功《日本一鉴·穷河话海》卷二称："倭初无扇，因见蝙蝠之形，始作扇，称蝙蝠扇。宋端拱间曾进此。"扇形的潇洒儒雅、扇扬仁风和蝙蝠形的"福、寿"意象等，铸合成折扇的文化意蕴。明代以后，折扇成为文人风雅器物（图5-85）。

网师园折扇纹铺地中的扇面上点缀着荷花、荷叶（图5-86）；严家花园的折扇纹铺地上有"吉祥"字样，旁缀象征长寿的灵芝（图5-87）；折扇纹样铺地，往往在扇面装饰其他图案，有的在折扇上点缀双钱（图5-88）；有的四周点缀着银锭，表示行善招财（图5-89）。

图 5-85 折扇纹（耦园）

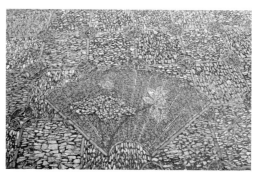

图 5-86 折扇纹（网师园）

图 5-87 折扇纹（严家花园）

图 5-88 折扇纹（虹饮山房）

图 5-89　折扇纹（耦园）

二、"四艺"纹

　　"四艺"（琴、棋、书、画）是中国几千年传统文化的重要组成部分，也是历代文人雅士必备的传统技艺，象征着很高的知识和修养。苏州园林主人多为文人雅士，"琴棋书画诗酒茶"，是他们钟爱的清雅生活的主要内容，也是艺术文化修养的体现和风雅的象征。中国古代文人自宋代开始就培养成艺术的多面手，在"游于艺"中澡溉精神，陶冶性情。他们大多书画兼善，琴棋皆能。琴，指古七弦琴，始于周，代表文人伯牙；棋，指围棋，代表文人赵颜；书，指中国书法，代表文人王羲之；画，指中国水墨画，代表文人王维。严家花园铺地中的"四艺"纹，都点缀着飘飘彩带，亦有"书香传代"之意（图 5-90 ~ 图 5-93）。

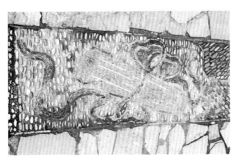

图 5-90　"四艺（古琴）"纹（严家花园）

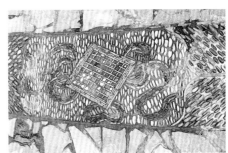

图 5-91　"四艺（棋盘）"纹（严家花园）

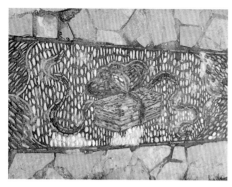

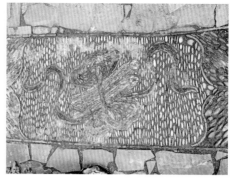

图 5-92 "四艺（书函）"纹（严家花园）　　　图 5-93 "四艺（画卷）"纹（严家花园）

三、渔网纹

中国古代文人向来以渔钓为隐，艺术以讲究渔钓精神、不染人间烟火气为逸品、神品，从庄子濮水钓鱼、汉水渔父高吟《沧浪歌》、严子陵富春江垂钓、柳宗元独钓寒江、朱敦儒摇首出红尘等，无一例外。图 5-94 渔网纹铺地强化着网师园的"渔隐"主题。渔网，也有网财、聚财之意。

图 5-94　渔网纹（网师园）

四、风筝纹

风筝始于春秋时期，相传鲁国公输般作木鸢以窥宋城，为风筝的初创。五代时又在纸鸢上系上竹哨，声如筝鸣，故称风筝。古代以"青云"指代高官显位，所以风筝象征青云得路或青云直上，比喻仕途得意（图5-95）。

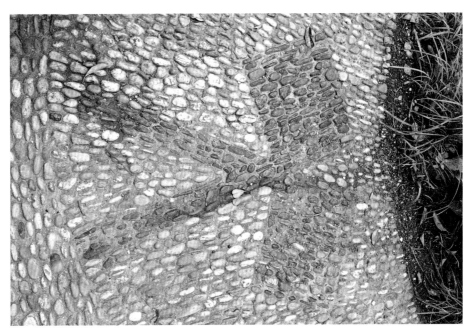

图5-95 风筝纹（天香小筑）

第六章

组合符号铺地

苏州园林的铺地符号，既有独体的吉祥纹，也有诸多组合的吉祥纹，如器物与植物纹的组合、动物与植物纹的组合、多种类型的吉祥纹组合，还有将多种吉祥纹组合成几何形纹，成为寓意吉祥、形式美观的图纹。

第一节

几何形纹铺地

彩陶中的几何形纹也可看作是从动物、植物以及编织纹中异化出来的纹样。如菱形对角斜形图案是鱼头的变化；黑白相间菱形十字纹、对向三角燕尾纹是鱼身的变化等。几何形纹还有颠倒的三角形组合及曲折纹、个字形纹、梯形锯齿形纹、圆点纹或点、线等极为单纯的几何形象。苏州园林铺地的几何形纹样，有的约略能辨出图纹名称，有的已经失去原形难以识别，但组图的基本构件依稀可见。

一、灯景橄榄纹

圆灯笼是模仿太阳做成的，灯笼作为喜庆的象征物，源于生殖崇拜。"灯""丁"大都发音相同或相近。丁，取其添丁之意。明代谢肇淛《五杂俎》卷二："天下上元灯烛之盛，无逾闽中者。闽方言以灯为丁，每添设一灯，则俗谓之添丁。"据传，汉代吕氏之乱平定于元月十五日，因此汉文帝遂将此日定为元宵节。后来汉武帝进一步将元宵节定为上元燃灯节，命令当天举国张灯结彩以祭"太一神"。太一，也叫太乙，楚辞专家们认为"东皇太一"与太昊、帝喾、颛顼、祝融等祖先神都可能叠合[1]，太一与太阳神、东君实际上为同一尊神。

灯笼纹样装饰起源于宋代，灯笼上端、两侧倒悬结谷穗作流苏，象征五谷，周围饰以飞舞的蜜蜂，利用"蜂"与"丰"的谐音，喻五谷丰登，故又称天下乐、庆丰收。

---

[1] 萧兵：《楚辞的文化破译》，湖北人民出版社1991年版，第573页。

橄榄纹，是民间喜闻乐见的装饰纹样。橄榄又名青果，风味独具，初入口苦涩，稍嚼后转为清香，继而满口生津，龈颊留香，民俗赋予它苦尽甘来的寓意，被称为谏果。南方一带还称它回味橄榄，视之为吉祥如意的象征。橄榄核果呈椭圆、卵圆、纺锤形等。联合国旗帜上的标徽，就是用两根橄榄枝衬托着整个地球，是和平的象征。我国橄榄树与欧洲橄榄树形状相同，但欧洲的橄榄属木樨科，我国橄榄属橄榄科，实为两种不同植物。

下述铺地纹样中，八方似呈灯景，周围饰以纺锤形橄榄纹（图6-1~图6-4）。

图6-1　灯景橄榄纹（拙政园）

图 6-2 灯景橄榄纹（留园）

图6-3 灯景橄榄纹（留园）

图6-7 冰裂纹铺文（留园）

二、抽象构图纹

　　抽象构图纹已经难以辨别确切纹样。图6-5以圆为中心，上、下、左、右为菱形花瓣，图案组成具有审美意义的形式美构图；图6-6中间似灵芝叶，上、下、左、右分列两两对称的四个形似如意头纹，有长寿、如意、吉祥之意。

　　图6-7蓝色圆蕊，灵芝花瓣，四周如意头纹；图6-8中间十字纹，四角嵌橄榄与龟背纹；图6-9蓝色圆蕊，周饰以荷花形花瓣，似莲非莲；图6-10与图6-9略似，但有如意头及蓝叶纹。

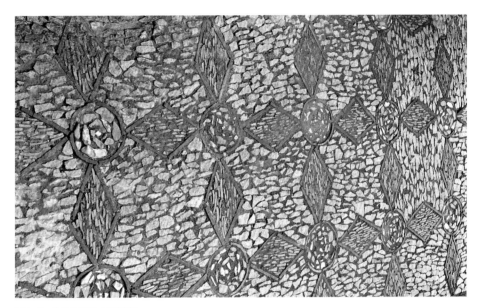

图6-5　抽象构图纹（退思园）

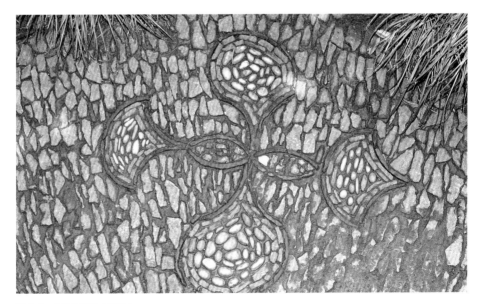

图6-6　抽象构图纹（留园）

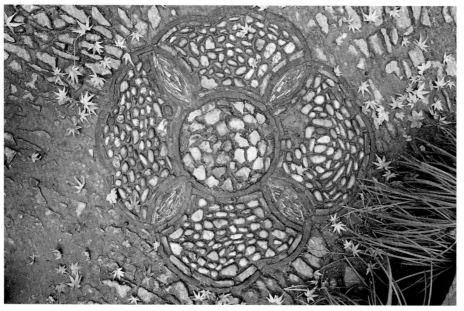

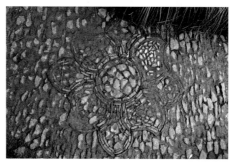

图 6-7　抽象构图纹（留园）

图 6-8　抽象构图纹（西园）

图 6-9　抽象构图纹（留园）

图 6-10　抽象构图纹（留园）

图 6-7	
图 6-8	图 6-9
图 6-10	

第二节

求财祈福纹铺地

一、祈财纹

1. 刘海戏金蟾

刘海，号海蟾子，五代宋初人。民间有"刘海戏金蟾，步步钓金钱"的俗语。苏州园林铺地中串钱和金蟾的组合取其吉祥之意，寓有福神带来财富的吉祥含义（图6-11、图6-12）。

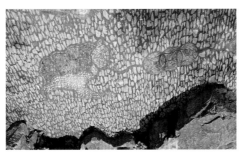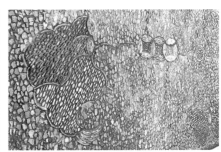

图6-11 刘海戏金蟾（留园）　　　　　　图6-12 刘海戏金蟾（网师园）

2. 富贵有余

一方铺地，由盘长、双钱、鱼纹组成。盘长象征绵延贯通，好事无尽头；双钱象征前途无量；"鱼"与"余"谐音，象征富贵有余，表达了主人对生活的美好祝愿（图6-13）。

图6-13 富贵有余（沧浪亭）

虾为水族，经常出现在龙王庙的石雕柱础上。虾节肢弯曲自如，善跳跃，喻时来运转、事事如意。鲤鱼产子多，故常被用于象征祝吉求子，以求生育繁衍。浙江东部婚俗，新妇出轿门时以铜钱撒地，谓"鲤鱼撒子"。"鱼"与"余"谐音，"虾"与"暇"谐音，鱼虾亦喻"有余有暇"（图6-14）。

图6-14　有余有暇（网师园）

二、祈寿纹

1. 六合同春

"六合同春"，由梧桐（或椿树）、鹤、鹿组图。在中国，"鹿"与"禄""六"谐音双关，鹿表示"福气"或"俸禄"的意思，为民间五福（福、禄、寿、喜、财）中的一种。鹿的寿命传说可达两千年以上，为长寿仙兽，是健康长寿、繁荣昌盛的美好象征。鹿与鹤常一起护卫灵芝仙草。"鹤"与"合"谐音，中国古代传说中的鹤也是长寿的仙兽，具有仙风道骨。《相鹤经》中称其"寿不可量"；《淮南子》称"鹤寿千岁，以极其游"。长寿之鹤广受欢迎，组成的吉词如鹤寿、鹤龄、鹤算等。

梧桐的"桐"与"同"谐音，中国古时将梧桐称为圣洁灵树，凤凰、鹓鹐都非梧桐不栖。椿树，是长寿之树，被视为父亲的象征树。"鹤鹿同春"喻健康长寿，永享天年。图6-15借长寿不老的"鹿、鹤"与"六合"（天、地、东、西、南、北）谐音，并与梧桐树（或椿树）组成一幅寓意为"普天之下，太平盛世"的吉祥画。

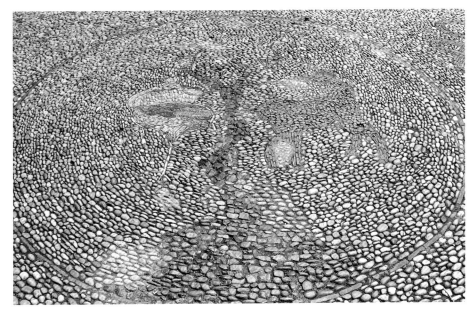

图 6-15　六合同春（留园）

2. 五福捧寿

蝙蝠在古代中国是好运的象征，首先"蝙蝠"的"蝠"与"福"谐音。蝙蝠睡觉时是倒悬着的，所以"倒挂蝙蝠"比喻"福到了"，与中国风俗中将"福"字倒着贴一样，所以蝙蝠又是"福""福气"的象征。五只蝙蝠围住一个"寿"字（图 6-16～图 6-23），即"五福捧寿"图案。"福"用"蝙蝠"表示，"寿"

图 6-16　五福捧寿（沧浪亭）

图6-17 五福捧寿（留园）

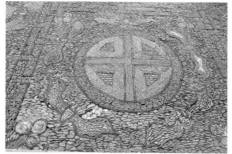

图6-18 五福捧寿（春在楼）

图6-19 五福捧寿（耦园）

图6-20 五福捧寿（拙政园）

图 6-21
五福捧寿
（狮子林）

图 6-22
五福捧寿
（网师园）

用文字或者松鹤图案表示。"五福"即"寿、富、康宁、攸好德、考终命"：一求长命百岁，二求荣华富贵，三求吉祥平安，四求行善积德，五求人老善终。"五福捧寿"铺地表达了人们祈福的愿望。

蝙蝠、松柏、鹤组图，也可为"五福捧寿"图案（图 6-24～图 6-26），或称为松鹤同春、松鹤遐龄、鹤寿松龄等。

在苏州园林铺地中，蝙蝠、松柏多与鹤、鹿等组合。松柏在中国文化中历来被视为百木之长，具有耐寒的特征。松柏严冬不脱叶，依然郁郁葱葱，春秋时孔子曾赞之："岁寒然后知松柏之后凋也。"松柏这类四季常青、寿命极长的树木，被古人称为神木。汉代张衡《西京赋》："神木灵草，朱实离离。"《文选》注曰："神木，松柏灵寿之属。"松柏象征着健康长寿。

图 6-23　五福捧寿（留园）

图 6-24　五福捧寿（拙政园）

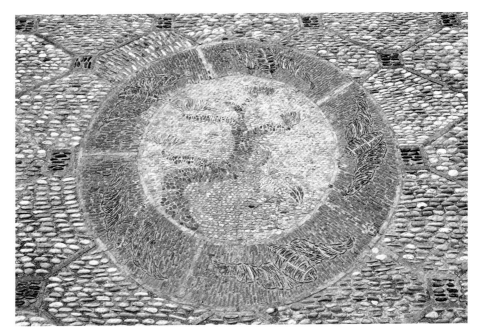

图 6-25　五福捧寿（严家花园）

图 6-26　五福捧寿（网师园）

3．蝴蝶围寿

象征"耄耋"的蝴蝶围着团寿（图6-27），或蝴蝶围着万年青盆花（象征长寿），再一同围绕太极鱼（图6-28），都是"蝴蝶围寿"铺地图案，画面吉祥，别具一格。

4．长寿如意

"长寿如意"铺地由鹤、鹿、寿、桃树与如意组成。鹤为长寿仙禽，代表长生不老；鹿为长寿仙兽，喻"福气"或"俸禄"，为民间"五福"中的一种；寿字与桃树也表示长寿；如意为佛家的吉祥物，寓意祥瑞，如意头形似灵芝，传说灵芝能永葆长寿。图6-29由鹤、团寿、仙桃、如意组图，喻长寿、如意；图6-30由鹤、如意、桃树组图，喻长寿、富贵、如意；图6-31由鹤、鹿和金蟾组图，亦喻长寿、富贵、如意。

图6-27　蝴蝶围寿（退思园）　　　　图6-28　蝴蝶围寿（退思园）

图6-29　长寿如意（退思园）　　　　图6-30　长寿如意（春在楼）

图6-27	图6-28
图6-29	图6-30

图6-31 长寿如意（留园）

三、祈喜纹

1. 丹凤朝阳

丹凤朝阳，又称朝阳鸣凤。据《诗经》载："凤凰鸣矣，于彼高岗；梧桐生矣，于彼朝阳。"《山海经》载："凤凰生于南极之丹穴。"丹穴为朝阳之谷，凤凰故称丹凤。凤为百鸟之王，梧桐为尊贵的灵树。图6-32中，丹凤面对太阳作欢鸣腾飞状，象征美好和光明，比喻天下太平，吉运当头。

2. 凤戏牡丹

凤凰与牡丹同是祥瑞图案。人们对凤凰优美生动华贵的姿态非常喜爱，因此将其较多地应用在铺地中，象征美好、快乐、幸福。祥瑞之鸟穿行于富贵花（牡丹）之中，寓意人生好事不断，生活美满幸福（图6-33、图6-34）。

3. 鱼戏荷、鸳鸯戏荷

"鱼戏荷"历来象征着婚姻的美满，"双鱼戏并蒂莲"或"双金鱼戏荷"的图案（图6-35、图6-36），强化着婚姻生活的喜庆和美好的氛围，宣示着家族的繁荣昌盛。鸳鸯在荷池中顾盼游戏则为鸳鸯戏荷，亦喻夫妻和谐幸福、婚姻美好。[①]

① 参见本书第二章第一节"鸳鸯纹铺地"。

吟花席地——铺地

图6-32 丹凤朝阳（天香小筑）

图 6-33　凤戏牡丹（退思园）

图 6-34　凤戏牡丹（留园）

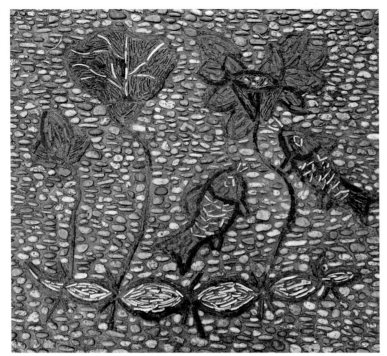

图 6-35
鱼戏荷
（拙政园）

图 6-36
鱼戏荷
（拙政园）

第三节

组合吉祥纹铺地

一、和合如意

　　"荷"与"和"谐音，取"和谐"之意；"盒"与"合"谐音，取"合好"之意，图6-37代表和合如意。

　　相传唐代有万回僧者，俗姓张，陕西人。因兄长远赴战场，父母挂念哭泣，遂往战场探亲。万里之遥，朝发夕返，故名"万回"，民间俗称"万回哥哥"，以其象征家人之和合。自宋代开始祭祀"和合"神，"其像蓬头笑面，身着绿衣，左手擎鼓，右手执棒"。至清代雍正时，复以唐代师僧寒山、拾得为"和合二圣"，又称"和合二仙"。相传两人亲如兄弟，共爱一女。临婚寒山得悉实情，即离家为僧；拾得亦舍弃女子，去寻觅寒山。相会后，两人俱为僧，立庙寒山寺。自是，世传之"和合"神像亦一化为二，然而僧状犹为蓬头之笑面神，一持荷花，一捧圆盒，意为"和（荷）合（盒）如意"。旧时婚礼之日必挂悬"和合二仙"像于花烛洞房之中，或常挂于厅堂，以图吉利。

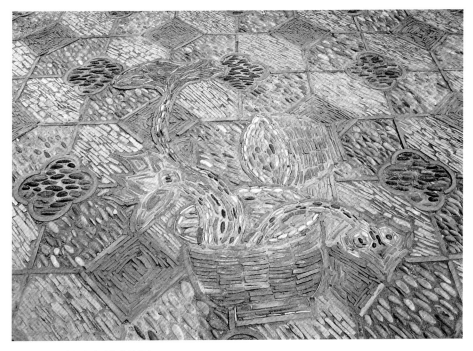

图6-37　和合如意（陈御史花园）

二、平升三级

东山春在楼门楼前碎石铺地图案为"平升三级"和两只元宝：瓶中插入三枚戟(古兵器)，借"瓶"与"平"、"戟"与"级"的谐音，表达官运亨通、平升三级、升官发财等愿望（图6-38）。

戟在古时是地位尊贵的象征，过去的仕宦人家或富商大贾案头的古瓶中常插有银戟，以图吉利。瓶中三戟，中间为双月牙方天戟，两旁各有一斜插的单月牙青龙戟，既可作装饰品，又可作镇邪之用的吉祥物（图6-39～图6-42）。有的还在插了三戟的瓶旁置乐器笙，谐音"升"（图6-43、图6-44），寓意为连升三级、官运亨通。

图6-45瓶中插三戟，瓶两侧还有双鱼，下端饰形似万年青，花瓶脚呈如意头状，喻平升三级、万年如意。

图6-38 平升三级（春在楼）

图6-39 平升三级（耦园）

图6-40 平升三级（留园）

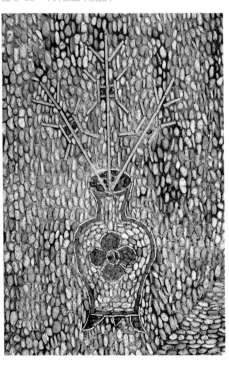

图6-41 平升三级（天香小筑）

第
六
章

组
合
符
号
铺
地

图 6-42
平升三级（退思园）

图 6-43
平升三级（严家花园）

图 6-44
平升三级（榜眼府第）

图 6-45
平升三级（陈御史花园）

三、地毯纹

一方地毯纹铺地，以回纹镶边，四角图案为吉祥如意、五福捧寿，中间是双钱、暗八仙、聚宝盆、鲤鱼跳龙门、松鹤延年图案以及太极八卦图等，代表了人们的生活愿望和美好祝愿（图6-46）。

一方地毯纹铺地，以聚宝盆和"五福捧寿"图案为中心，"暗八仙"纹样散布于其间，周饰太极图、方胜、"平升三级"、盘长纹、卍字纹等，同样代表了人们的生活愿望和美好祝愿（图6-47）。

图6-46 地毯纹（天香小筑）

图6-47 地毯纹（春在楼）

四、万象更新

象，哺乳动物，体大力壮，体高约三米，鼻长筒形能蜷曲，门齿发达，寿命可长达二百余年。传说古代圣王舜曾驯象犁地耕田，其性情温和，行为端正，知恩必报，与人一样有羞耻感，常负重远行，被称为"兽中有德者"。象传为摇光之星散开而生成，能兆灵瑞，只有在人君自养有节时，灵象才出现。佛教中，六牙白象传为佛祖的坐骑，属瑞兽之一。"象"字又兼有"景象"的含义，为吉祥之象征。白象驮桶，桶内栽万年青，寓意为一统万年、万象更新（图6-48）。

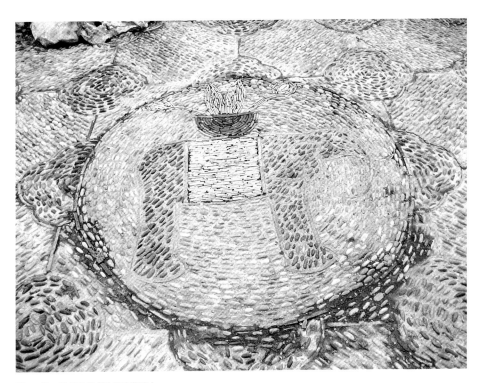

图6-48　万象更新（陈御史花园）

第七章

铺地技艺

苏州园林室内地面多用方砖，室外地面多用砖、瓦、卵石、石板以及碎瓷缸片等废旧材料，此处重点讲室外铺地。铺地形式多种多样，但以"花街铺地"最为普遍。在庭园路径、岸边崖间、花间林下、台沿堂侧，或盘山腰，或绕洞壑，或穷水际，有的铺地朴实无华，有的铺地花团锦簇，有的铺地妙趣横生，悦目赏心之处，令人赞叹不已。铺地的材料廉价，色彩丰富，既体现自然界的原形，又不失人工加工的艺术创造力，和环境空间结合，充满了生活的情趣。

第一节

园林铺地的材料

铺地散落在苏州园林的各个角落，大量使用废旧材料，有石、砖、青瓦、石板、卵石、砖瓦碎片、碎瓷砖、弹片石、黄石片、碎青石、黄道砖等，不同的材料采取不同做法。材料的形状、肌理、质感、色彩等不同，加上铺装方式和图纹的不同，组成了丰富多彩的地纹。

一、石材料

石材料是指石板、石块、虎皮石、弹街石、鹅卵石等硬质铺筑材料。

虎皮石属于砂岩石材，因为石头色彩的差异，其纹理斑斓如虎皮，故名。虎皮石质地细腻坚润，不易风化，且观赏性较好，适用于面积不太大的路面和曲径，呈现为一种不规则块石之间的砌筑，铺设方法以硬基础底，以水泥砂浆填充稳定石块，这种铺地比较自然，不落富丽俗套。

弹街石主要是花岗岩石材碎块和属于砂岩石材的青石碎块，呈不规则形状，纹理粗糙，质地坚硬，用于铺砌路面，经久耐用，还可以营造出一种自然、沉稳的气氛，防止行人滑倒等，且石料只需要经过粗加工，成本较低。铺设方法也是以硬基础底，以砂、煤屑等充作垫层及填缝料。

鹅卵石是苏州园林中最为常见的一种路面材料，因为石头状似鹅卵而得名。鹅卵石作为一种纯天然的石材使用，伴随着人们对于自然的强烈渴望。鹅卵石是开采黄砂的附产品，经过不断的挤压和摩擦，光润圆滑，质地坚硬，色泽鲜明古朴，按照大小、形状（扁形、圆形、长形、尖形）、质感、色泽等进行分档，可以铺设成各种精美的图案形式。圆硬的鹅卵石不但抗压、耐磨、耐腐蚀，而且具有阴柔之美，还可以起到按摩脚底的作用，是一种理想的绿色铺装材料。铺设方法即在做好基础及结合层之后，将卵石插入后压实洗刷表面。

二、砖材料

乱砖，就是破损、大小（厚度）不一的青砖，废物利用侧铺于地，比较质朴、自然，这种乱砖街铺地不适宜在潮湿、阴暗地中使用。

皇道砖，又名黄道砖，因为用于铺设御道得名"皇道砖"，常侧铺于廊道，图案形式有席纹、回纹、人字纹、斗纹、间方纹等（图7-1）。这种小青砖一般长度为厚度的整倍数，如规格 175cm×80cm×35cm 的皇道砖，长度 175cm，是厚度 35cm 的 5 倍。

图 7-1　皇道砖铺地

方砖，就是呈方形或长方形的砖，常以不同的排列方式墁地，多见于室内（图7-2）。宋代李诫《营造法式》中记载了近10种方砖规格。方砖铺地处理砖之间缝隙的传统做法是以油灰粘结，其铺设于30~50mm厚砂的硬基础面上，砖缝形成十字、人字等形式。

图7-2 方砖铺地

三、砖瓦石混合材料

苏州园林铺地通常几种材料取长补短混用，如砖石混用组合成长八方式、六方式图案，砖与碎石、卵石或相间，或外沿为砖、内嵌卵石；有的瓦石混用组成球门式、软锦式图案；或者砖、瓦、石三者混用组成冰裂梅花图案；等等。匠师们还别出心裁地把碎瓷片、碎缸片掺入混搭，变废为宝，以细腻的手法成就高超的铺地艺术。

四、新材料

随着科学的发展，水泥、混凝土等新材料和新技术的发现，极大地提高了铺装的工艺和技术水平。例如，白水泥材料冰裂纹铺地（图7-3）；用水泥、小石子、石屑等混合后人造出颗粒细碎、肌理粗犷的水刷石，如果将圆形水刷石与卵石拼砌成铺地，新与旧难以分辨；仿石材的混凝土，用表面的色彩和质感来表现天然石材、花岗岩、青砖的视觉效果，或以光面混凝土砖与深色水刷石、细密条纹砖相间铺地，或在混凝土砖的表面做出各种条纹、沟槽，在阳光的照射下，不仅光影效果良好，而且能减少一定程度的反光；等等。新材料的运用，不仅具有良好的装饰性，坚固、耐磨、抗压等一样实用，而且还能提高路面的抗滑性能。

图 7-3　新材料铺地

第二节

花街铺地的式样

苏州园林铺地形式多样，其中运用最为广泛的类别是花街铺地。花街铺地，就是使用两种以上颜色的卵石并辅以如青石碎块、瓷缸片等材料铺成各种图案花纹的地面，其式样可以分为硬景、软景、硬软景混合型三类，相互之间可根据需要组合变化。

一、硬景式样

以望砖与石片、卵石搭配的图案成为硬景，特点是图案的线条都为直线，棱角清楚，顺直特立（图 7-4）。常见的图案有六角龟景纹、套龟景纹、冰雪纹（六角冰纹）、灯景纹（灯景橄榄纹）、柿蒂纹（八角灯景式）、卍字纹、八角橄榄纹等。

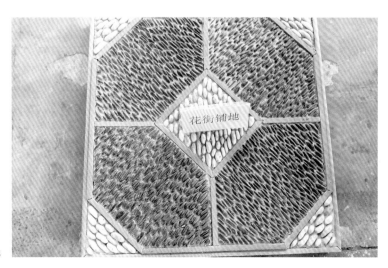

图 7-4　硬景铺地

二、软景式样

用瓦片与卵石、石片等材料搭配的图案称软景，特点是图案全部由弧线与曲线组成，线条迂回，构成的图形无显著的转角。常见的图案有芝花海棠纹、卍字海棠纹、软脚卍字纹等。

三、软硬景式样

苏州园林铺地可以根据使用材料和图案形式变化万千，即使是相同的图纹，也会有横向、竖向、对角线、旋转等多种铺砌方式，当图案的线条包含直线和弯曲状线条时，就是软硬景（图7-5）。常见的图案有冰梅纹、十字海棠纹、十字芝花海棠纹等。

花街铺地以碎瓷片、碎缸片、碎陶片、断砖、残瓦、卵石、石片等为材，不用刻刀镶奇嵌秀，在花草树木边，在假山池塘边，铺出了一方方、一条条"风景这边独好"的艺术天地，不单单是利人行走的小径，更是寄托着对生活的祝福和美好愿望，如暗八仙铺地、松鹤长寿铺地、六合同春铺地、五福捧寿铺地、梅开五福铺地、平升三级铺地等。图7-6～图7-8为姚承祖《营造法原》一书收集的各式花街铺地图案。图7-9～图7-12为苏州民族建筑学会编著的《苏州古典园林营造录》一书收集的各式花街铺地图案。

图 7-5
软硬景铺地

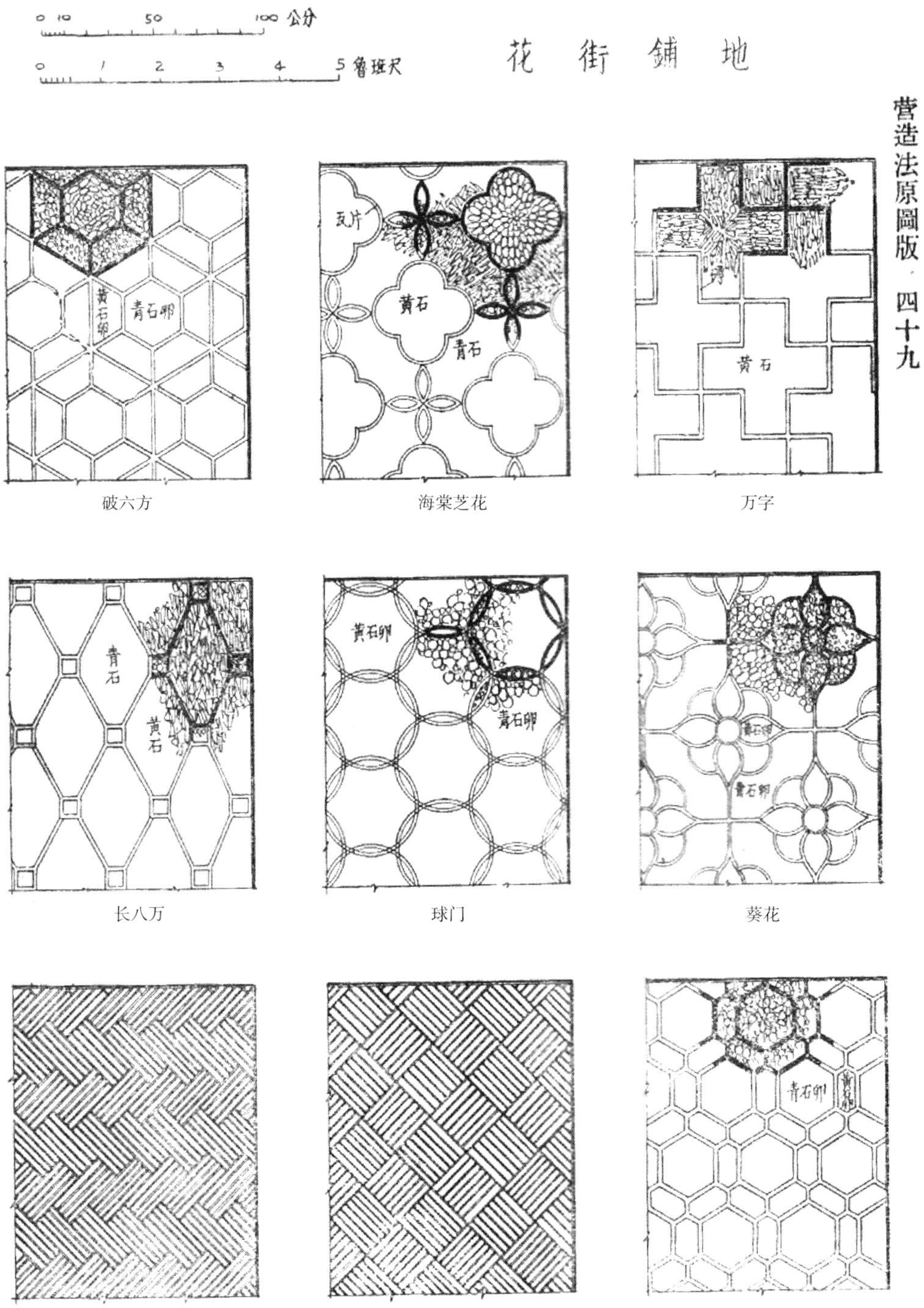

花 街 铺 地

破六方

海棠芝花

万字

长八万

球门

葵花

席纹

间方

攒六方

图 7-6 《营造法原》图版四十九——花街铺地

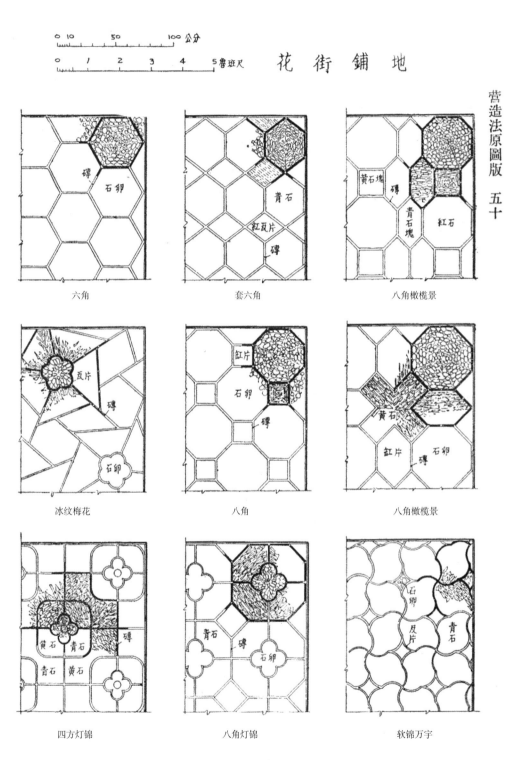

花 街 铺 地

营造法原图版 五十

六角　　　套六角　　　八角橄榄景

冰纹梅花　　　八角　　　八角橄榄景

四方灯锦　　　八角灯锦　　　软锦万宇

图 7-7 《营造法原》图版五十一——花街铺地

第七章　铺地技艺

花　街　铺　地

八角景

冰纹

八角灯锦

海棠菱花

十字海棠

套方金钱

十字海棠

金钱海棠

万字海棠

图 7-8　《营造法原》图版五十一——花街铺地

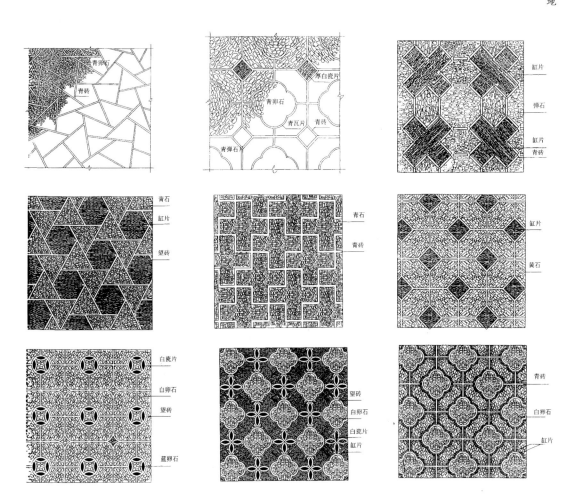

图 7-9 《苏州古典园林营造录》各式花街铺地（一）

第七章 铺地技艺

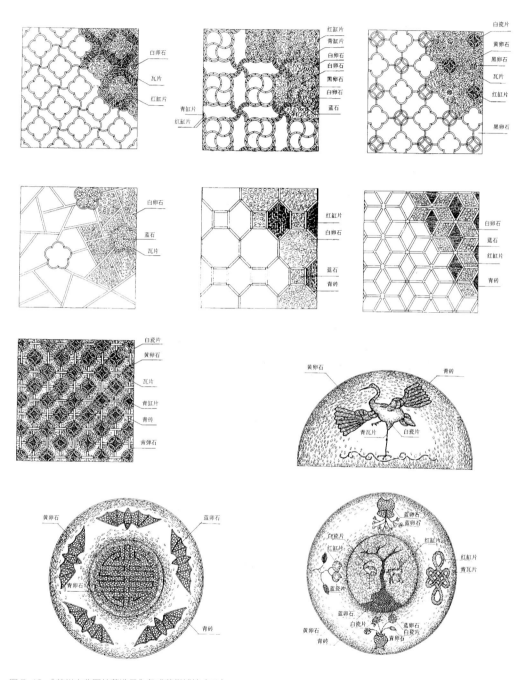

图 7-10 《苏州古典园林营造录》各式花街铺地（二）

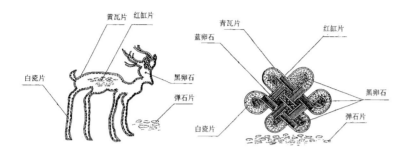

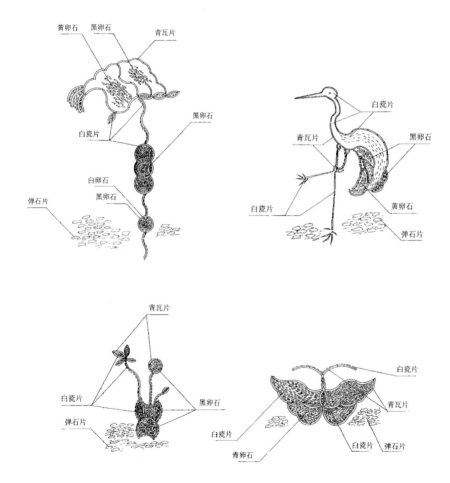

图 7-11 《苏州古典园林营造录》各式花街铺地（三）

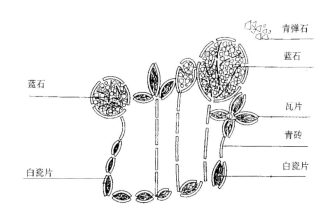

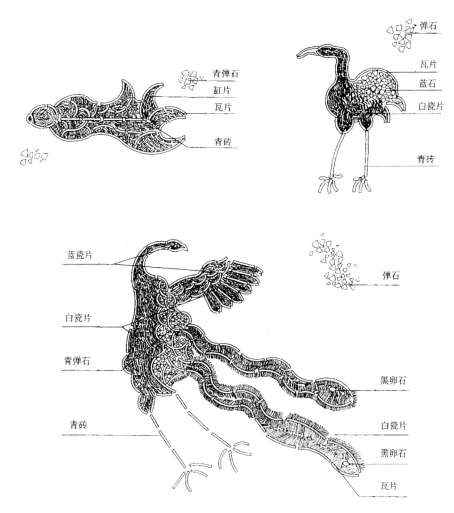

图 7-11 《苏州古典园林营造录》各式花街铺地（三）续

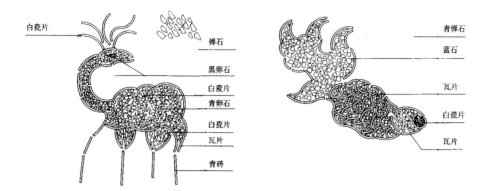

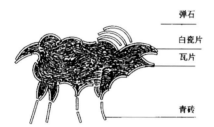

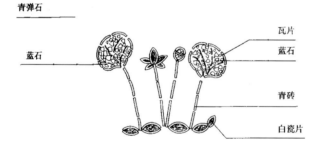

图 7-12 《苏州古典园林营造录》各式花街铺地（四）

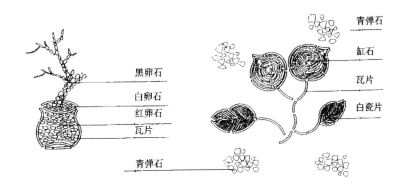

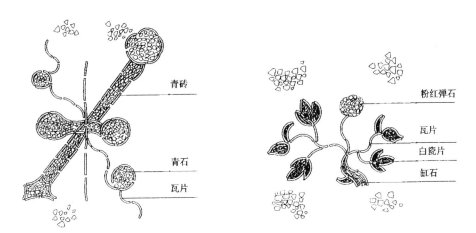

图7-12 《苏州古典园林营造录》各式花街铺地（四）续

第三节

花街铺地的地面铺设及技术要点

一、花街铺地的地面构造

花街铺地的地面构造由地基层、基础垫层、结合层和面层四部分组成。

1. 地基层与基础垫层

地基层与基础垫层是花街铺地的基础，一定要按规范施工，以免引起路面下沉。施工时，应先找平，并做出排水坡度。地基层的处理，常用的便是素土夯实。

2. 结合层

铺设时将砖或瓦用砂浆固定在垫层面上，并组成图案的边框，称为"筑宕子"。筑宕子时，其上口要用经线，以控制线条的顺直与标高。待宕子砌筑完成后，在宕子中间填入 1 : 3 的水泥黄沙，低于宕子面少许，作为花街的结合层。

3. 面层

砌筑面层时，将卵石与石片或者其他砌街材料，按要求分别敲砌时，卵石和石片要排紧、敲实，与宕子面相平。数块宕子砌满后，用木板将其拍平、拍实，此即为花街的面层。

最后用干水泥作填缝，卵石填缝时不可太满，太满则卵石遮挡过多，影响美观。将表面干水泥用软扫帚扫除干净后，再用洒水壶洒少许水，水不可多，能使水泥受潮凝结即可。

二、花街铺地的技术要点

1. 放线

花街铺地，放线尤其重要。看似简单，其实不然，以园路为例，一要考虑路的走向；二要能使路的宽度大致统一，但两侧边线又不能重复雷同。园路宜曲不宜直，但须曲之有度，不能过分。曲要做得自然、流畅，曲中要给人以平远、深远之感觉，这也是园林中"小中见大"的常用处理手段之一。

2. 筑边

花街铺地的边缘，须用砖瓦筑边，以防止花街松动。假山下、花台边、驳岸旁，宜用瓦片筑边，是取其自然。若再留些种植穴，植以书带草作点缀，则效果更佳。而园路两侧，筑边常用望砖，为取其整齐。筑边须用双重材料，以增加筑边宽度。筑边外侧，低于上口约 2～3cm 处，须用水泥砂浆作护坡。护坡不能外露，须用泥土遮盖，并植以草皮或花卉作点缀。

3. 园路相交

园路和场地铺装相交，当用直交，园路相交，常为斜交。相交处须做喇叭口，喇叭口切忌僵直呈折线形，须做到连接自然、线形顺畅。

以在园林中应用广泛的卵石园路铺砌为例，必然是卵石附着牢固、路面平整光滑、卵石走向一致、露石纹理清晰、不沾灰浆的，具体技术流程如下：

首先，构想、绘制好图案，用木桩定出铺装图案的形状，调整好相互之间的距离，再将其固定。然后，用铁锹切割出形状，开挖过程中尽可能保证基土的平整。

其次，勾勒出边线后，用耙子平整场地，此过程中须在场地上放置一块置有酒精水准仪的木板以判断是否平整。随后铺设厚度约为 3cm 的基层，再铺水泥砂浆①，用木板压实后，按照图案依次将卵石等嵌入水泥砂浆中。干铺一旦发现种石不佳可做及时调整。

最后，在水泥砂浆完全凝结之前，将表面多余的材料洗刷干净，注意不要破坏刚铺好的卵石。干铺时出于需要，还应再覆上一层干灰以做加固，然后用笤帚轻轻地抹扫，再洒水清洗表面。

三、花街铺地的使用原则

1. 遵循"各式方圆，随宜铺砌"

明代计成在《园冶》"铺地"篇中说："各式方圆，随宜铺砌"，园林铺地遵循这一原则，方圆式样各有不同（图 7-13），铺砌时应加选择：厅堂广厦之中的地面一律铺水磨方砖，如果是盘旋曲折的小径，路线长，多用乱石砌筑，主要的庭院或用方砖斜铺成叠胜的图案，靠近台阶的地方也可以砌筑成回字形纹样。在砌成八角嵌方的图框中，嵌入鹅卵石做出蜀锦纹样；层楼前的平台，临花木树梢之上，仔细琢磨铺地，可以媲美秦台。四边以瓦片砌成线条，台面以石板平铺……花木中间环绕的窄径最宜用石铺砌，厅堂周围的空地应该用砖铺砌。

---

① 目前，卵石园路铺装主要有湿铺和干铺两种，前者使用水泥砂浆混凝土，后者使用水泥和黄砂按比例搅拌制成的"干灰"。

图 7-13　铺地线条

2. 遵循美的统一律

铺地图案生动形象，美观大方，含蕴着丰富的文化内容，但是图案铺设的位置必须与周围建筑、山水意境相协调，做到美的统一，不然会出现"败笔"。

3. 遵循五行，与四季相配

季相特征鲜明的铺地图案，在以水池为中心的较大园林空间，应该遵循五行的方位，与四季相配。如海棠花是春天的花卉，应该铺在水池的东侧；冰裂纹或冰梅纹，铺在水池的北侧；桂花盆景图案，镶嵌在水池的西侧；碗莲盆景图案，镶嵌在水池的南侧；等等。

铺地图式

明代计成《园冶》

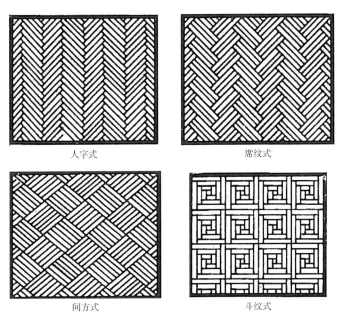

人字式   席纹式

间方式   斗纹式

以上四式用砖灰砌

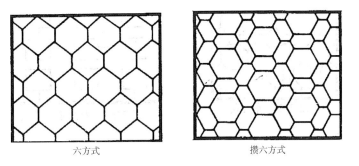

六方式   攒六方式

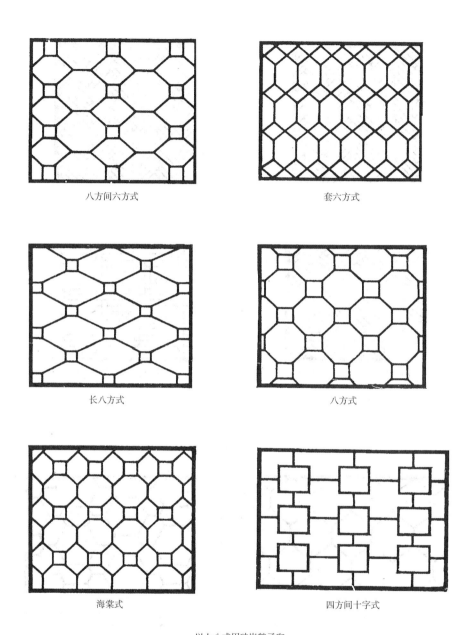

八方间六方式　　　　　　　　　套六方式

长八方式　　　　　　　　　八方式

海棠式　　　　　　　　　四方间十字式

以上八式用砖嵌鹅子砌

香草边式

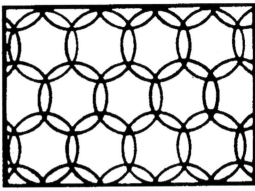

毯门式

波纹式

后记

　　苏州园林为什么会成为中华的文化经典？我们策划这套由七部著作组成的系列，就是企图从宏观和微观两个维度来解答这个问题。宏观是从全局的视角揭示苏州园林艺术本质及其艺术规律；微观则通过具体真实的局部来展示其文化艺术价值，微观是宏观研究的基础，而宏观研究是微观研究的理论升华。

　　《听香深处——魅力》就是从全局的视角，探讨和揭示苏州园林永恒魅力的生命密码；日本现代著名诗人、作家室生犀星曾称日本的园林是"纯日本美的最高表现"，我们更可以说，中国园林文化的精萃——苏州园林是"纯中国美的最高表现"！

　　本系列的其他六部书分别从微观角度展示苏州园林的文化艺术价值：

　　《景境构成——品题》，通过解读苏州园林的品题（匾额、砖刻、对联）及品题的书法真迹，使人们感受苏州园林深厚的文化底蕴，苏州园林不啻一部图文并茂的文学和书法读本，要认真地"读"。《含情多致——门窗》《吟花席地——铺地》《透风漏月——花窗》《凝固诗画——塑雕》和《木上风华——木雕》五书，则具体解读了触目皆琳琅的园林建筑小品：千姿百态的门窗式样、赏心悦目的铺地图纹、目不暇接的花窗造型、异彩纷呈的脊塑墙饰、精美绝伦的地罩雕梁……

　　我与研究生们及青年教师向诤一起，经过数年的资料收集，包括实地拍摄、考索，走遍了苏州开放园林的每个角落，将上述这些默默美丽着的园林小品采集汇总，又花了数年时间，进行分类、解读，并记述了香山工匠制作这些园林小品的具体工艺，终于将这些无言之美的"花朵"采撷成册。

　　分类采集图案固然艰辛，但对图案的文化寓意解读尤其不易。我们努力汲取学术界最新研究成果，希望站在巨人肩头往上攀登，力图反本溯源，写出新意，寓知识于赏心悦目之中。尽管一路付出了艰辛的劳动，但距离目标还相当遥远！许多图案没有现成的研究成果可资参考，能工巧匠大多为师徒式的耳口相传，对耳熟能详的图案样式蕴含的文化寓意大多不知其里，当代施工或照搬图纹，或随机组合。有的图纹十分抽象写意，甚至理想化，仅为一种形式美构图。因此，识别、解读图纹的文化寓意，更为困难。为此，我们走访请教了苏州市园林和绿化管理局、香山帮的专业技术人员，受到不少启发。

今天，在《苏州园林园境》系列出版之际，我们对提供过帮助的苏州市园林和绿化管理局的总工程师詹永伟、香山古建公司的高级工程师李金明、苏州园林设计院贺风春院长、王国荣先生等表示诚挚的谢意！还要特别感谢涂小马副教授，他是这套书的编外作者。无私地提供了许多精美的摄影作品，为《苏州园林园境》系列增添了靓丽色彩！

感谢中国电力出版社梁瑶主任和曹巍编辑对传统文化的一片赤诚之心和出版过程中的辛勤付出！

虽然我们为写作《苏州园林园境》系列做了许多努力，但在将园境系列丛书奉献给读者的同时，我们的心里依然惴惴不安，姑且抛砖引玉，求其友声了！

最后，我想借法国一条通向阿尔卑斯山的美丽小路旁的标语牌提醒苏州园林爱好者们："慢慢走，欣赏啊！"美学家朱光潜先生曾以之为题，写了"人生的艺术化"一文，先生这样写道：

> 许多人在这车如流水马如龙的世界过活，恰如在阿尔卑斯山谷中乘汽车兜风，匆匆忙忙地急驰而过，无暇一回首流连风景，于是这丰富华丽的世界便成为一个了无生趣的囚牢。这是一件多么可惋惜的事啊！

人生的艺术化就是人生的情趣化！朋友们：慢慢走，欣赏啊！

曹林娣

辛丑桐月改定于苏州南林苑寓所

参考文献

计成. 陈植，注释. 园冶注释. 北京：中国建筑工业出版社，1988.

（清）李渔. 闲情偶寄. 北京：作家出版社，1996.

刘敦桢. 苏州古典园林. 北京：中国建筑工业出版社，2005.

郭廉夫，丁涛，诸葛铠. 中国纹样辞典. 天津：天津教育出版社，1998.

梁思成. 中国雕塑史. 天津：百花文艺出版社，1998.

沈从文. 中国古代服饰研究. 上海：上海世纪出版集团上海书店出版社，2002.

陈兆复，邢琏. 原始艺术史. 上海：上海人民出版社，1998.

王抗生，蓝先琳. 中国吉祥图典. 沈阳：辽宁科学技术出版社，2004.

中国建筑文化中心建筑历史研究所. 中国江南古建筑装修装饰图典. 北京：中国工人
　　出版社，1994.

苏州民族建筑学会. 苏州古典园林营造录. 北京：中国建筑工业出版社，2003.

丛惠珠，丛玲，丛鹂. 中国吉祥图案释义. 北京：华夏出版社，2001.

李振宇. 中国古典建筑装饰图案选. 上海：同济大学出版社，1992.

曹林娣. 中国园林艺术论. 太原：山西教育出版社，2001.

曹林娣. 中国园林文化. 北京：中国建筑工业出版社，2005.

曹林娣. 静读园林. 北京：北京大学出版社，2005.

崔晋余. 苏州香山帮建筑. 北京：中国建筑工业出版社，2004.

张澄国，胡韵荪. 苏州民间手工艺术. 苏州：古吴轩出版社，2006.

张道一，唐家路. 中国传统木雕. 南京：江苏美术出版社，2006.

［美］W·爱伯哈德. 中国文化象征词典［M］. 陈建宪，译. 长沙：湖南文艺出版社，1990.

吕胜中. 意匠文字. 北京：中国青年出版社，2000.

［古希腊］亚里士多德. 范畴篇·解释篇. 北京：生活·读书·新知三联书店，1957.

［英］马林诺夫斯基. 文化论. 北京：中国民间文艺出版社，1987.

李砚祖. 装饰之道. 北京：中国人民大学出版社，1993.

王希杰. 修辞学通论. 南京：南京大学出版社，1996.